문득 떠나고 싶은 순간.

비우고. 채우고. 머무는.

쉼표여행

비타북스

사실 여행지보다 여행하는 방법에 대해 이야기하고 싶었다.

여행은 일상에서 벗어나 새로운 곳에서 자신을 다시 돌아봄으로써 새로운 활력을 주고 삶의 전기를 마련할 수 있는 힐링의 요소를 가지고 있다. 하지만 모두가 여행이 주는 치유의 힘을 얻고 돌아오는 것은 아니다. 안타깝게도 여행지가 줄 수 있는 것도 아니다.

모든 건 나에게 달려 있다. 온갖 스트레스와 고민거리를 한 아름 지고 가도 풀어 놓지 않으면 바리바리 도로 다 싸들고 돌아온다. 달라진 건 아무것도 없다. 치유와 회복은 내가 마음을 여는 순간부터 이뤄진다. 내게 편안함과 휴식, 나른한 기분 좋음을 준 여행을 돌아보니 대개 평일 발길 닿는 대로 다녔던 여행이다. 혼자 다니며 나는 끊임없이 대화를 한다. 지나온 삶과 눈앞의 여행지와 앞으로의 미래와. 그럼으로써 나는 한층 밝아질 수 있었다.

모두가 평일에 한가하게 돌아다닐 수는 없는 일이다. 어쩌다 시간을 낼 수밖에 없는 여행자들이 편하게 다녀오고 삶의 활력까지 얻을 수 있는 여행을 소개하려고 노력했다. 열심히 여행지를 고르고 때와 여행의 방법까지 덧붙여 책에 소개했다. 우리가 일러준 때는 제철이 아닐 수도 있다. 여행을 여행답게 하자는 거지 여행지 제철 확인하는 건 우리 목적이 아니다. 지치고 힘든 당신에게 이 책에 나온 여행 중 하나가 힘이 될 수 있다면 좋겠다.

이민학 MH

여행을 왜 갑니까?
-그냥 떠나고 싶어서요.

왜 떠나고 싶습니까?
-여기서 좀 벗어나고 싶어요.

왜 벗어나고 싶죠?
-훌훌 털고 잠깐 잊어버리고 싶어요.

'피곤'하잖아요?
-집에서 쉬는 게 더 늘어져요. 차라리 움직이는 게 낫지. 그리고 일단 떠나면 새
 로운 걸 보잖아요. 공기도 좋고, 맛있는 것도 먹고, 사진도 찍고. 같이 간 사람
 이 좋아하고….

늘 좋은 것만은 아니잖아요?
-가끔 길도 잃어버리고, 날씨가 안 좋을 때도 있고, 제대로 못 먹을 때도 있죠.
 그래도 그게 다 추억이잖아요. 지나면 재미있어요. 그리고 그걸 왜 고생이라고
 생각해요? 여행이지!

그렇습니까? 네, 당신은 이미 여행중독에 걸리셨습니다.
여행을 통해 스트레스를 날리고, 심신의 안성과 마음의 치유를 바라시나요?
그렇다면 당신과 여행에서 보고 느낀 이야기를 하고 싶습니다. 공감할 수 있는 부
분이 있다면 글을 쓴 저는 커다란 기쁨이겠습니다. 우리나라의 산과 물, 꽃과 동
물, 유적과 관광자원이 주는 즐거운 여정에 여행중독자들과 함께하고 싶습니다.
이제, 떠나볼까요?

송세진 SJ

채우기

머물기

Healing Jeju

쉼표 여행의 TPO : Time Place Occasion

여행을 떠나는 과정을 보면 대개 시간을 정하고 같이 갈 사람을 구하고 여행지를 찾는다. 주어진 시간은 주말이나 휴가철이다. 같이 가고 싶은 사람 1순위는 꼭 다른 일이 있다. 여행지는 사람으로 들끓는다. 교통체증을 피해야 한다는 강박관념에 점심을 먹자마자 올라올 생각부터 한다.

여행을 간다는 생각에 들뜬 마음은 이 모든 과정의 어느 순간에 사라져버린다. 휴식이 아니라 고행이 되는 참사도 일어난다. 여행지에서 터무니없는 바가지를 쓰고 맛없는 음식까지 먹는다면 두고두고 분이 가라앉지 않는다.

여행에도 TPO가 있다. 여행 자체에 힐링의 요소가 포함되어 있으니 제대로 하면 모든 여행이 나를 치유하고 회복시키는 여행이다.

<u>Time</u> 가장 중요한 것은 시간이다. 세상 모든 일이 그렇듯 사람들 무리에 휩쓸리지 말아야 한다. 주말이나 휴가철은 여행을 떠나기에 좋은 시간이 아니다. 말 그대로 먹고 즐기고 노는 행락철일 뿐이다. 여행이 주는 감동이나 치유를 기대할 수 없다.

평일에는 일해야 하는데 그럼 어쩌란 말이냐? 하는 수 없다. 휴가를 쪼개서 봄, 가을에 내든가 무단결근을 하든가 알아서 할 일이다. 여행을 여행답게 하려면 어쩔 수 없다.

<u>Place</u> 여행지에 대한 만족도는 개개인의 성향과 상관이 있다. 자연을 좋아하지

만 걷기는 싫은 사람도 있다. 우아하게 예술작품을 감상하고 커피를 즐기며 담소를 하는 여행을 좋아하는 사람이 있으면 산속에서 텐트 치고 머물기를 좋아하는 사람도 있다. 그렇다고 좋아하는 여행만 하는 편식은 하지 말자. 여행의 다양함도 모르며 한 가지만 고집한다는 건 어린애 같은 짓이다.

사실 우리는 자신이 진정 뭘 좋아하고 원하는지 모르는 경우가 많다. "배를 타고 세 시간이나 간다고? 멀미하는데 나는 안 돼!"라며 미리 짐작하고 피하는데 막상 다녀오면 그만한 여행이 없었던, 여행의 새로움을 깨닫는 계기가 되기도 한다. 좋아하는 여행을 주로 하되 10번에 3번 정도는 색다른, 이제까지 해보지 않았던 여행을 하며 자신의 여행 폭을 넓혀가자. 다양한 여행을 하고 난 뒤 "나는 이런 여행이 좋아."라고 하면 그건 좋다.

<u>Occasion</u> 마지막 Occasion. 그건 여행지에서 일어나는 일이니 알 수가 없다. 다만 동행에 대해서는 확실하게 말할 수 있다. 혼자 떠나는 여행이 가장 많은 것을 얻는다. 혼자 떠났을 때 온몸의 세포와 여행지가 교감하는 걸 느낄 수 있다. 보고 듣고 생각하며 여행지와 무수한 대화를 나눈다. 물론 혼자 떠나는 여행지는 안전한 곳을 택해야 한다.

동행을 한다면 늘 같이 떠날 수 있는 사람을 구하자. 여행지에서 신경 안 써도 되는 익숙한 사람이 가장 좋은 동행자다. 셋 이상 떠나면 여행에서 더 이상 기대할 건 없다. 서로 다투지 않고 무사히 돌아오는 게 최선이다.

비우기

생각을 비우고 나를 만나는 시간

꽃과 안개 그리고 바람의 길

태백 분주령

Healing point
백두대간 굵은 줄기를 걷다
☞ 길가의 꽃 이름 찾아보기
☞ 고목나무숲 정적을 느껴보기
☞ 한강 발원지 검룡소 다녀오기

강 원 도
태 백 시

초여름 백두대간
변화무쌍한 날씨를 즐겨보자

태백 분주령은 백두대간 대덕산과 함백산을 잇는 능선을 넘는 고개다. 분주령 트레킹은 두문동재 마루에서 시작한다. 길 입구에 작은 주차장과 안내소가 있다. 백두대간 등줄기를 걷는 길이나 대체로 넓고 편평하다. 두문동재에서 금대봉을 거쳐 분주령으로 갔다가 검룡소로 내려오는 길이 사람들이 많이 가는 코스다. 사람들은 이 길을 천상의 화원이라 부른다. 봄날 온갖 꽃들이 피어나 길을 장식하니 그럴 만도 하다. 소문이 퍼지며 사람들의 발길이 부쩍 늘어나니 꽃들이 생기를 잃어간다. 어째서 그럴까.

아무튼 봄날에는 사람들이 너무 많다. 분주령은 초여름 또는 늦여름 어느 날 걷는 게 좋다. 봄꽃이 없으면 어떤가. 초록이 있고 한여름에도 꿋꿋하게 피어 있는 꽃들이 있다. 여름 분주령의 묘미는 변화무쌍한 날씨에 있다. 워낙 높은 능선이라 아래쪽은 맑아도 능선 길은 안개가 껴 있거나 빗방울이 흩뿌릴 수 있다. 그게 좋다. 가는 길 내내 맑기만 하다면 그건 지루한 산길이다.

꽃을 보러 가는 길은 아니다. 백두대간 어느 한 줄기를 잠시 걸으며 그 힘찬 용틀임을 느껴보는 길이다. 금대봉과 대덕산이 고산들꽃군락지로 이름난 야생화 트레킹 코스라지만 그건 누군가의 소감일 뿐이다. 이 길은 함백산으로 이어지는 길이며 함백산에서 다시 태백산으로 이어진다. 백두산에서 흘러온 줄기가 태백이라는 이름을 얻기 바로 전이다. 태백이 무슨 산인가. 그 이름만으로 백두대간의 중심을 받치는 산이다.

서너 사람이 나란히 걸을 만한 임도가 끝날 즈음 고목나무샘으로 내려가는 좁은 길이 나온다. 울울창창 우거진 숲길 한쪽에 졸졸 새어 나오는 물이 다시 땅속으로 들어갔다가 검룡소에서 솟구쳐 오른다. 그래서 한강의 발원지를 고목나무샘이라고 하는 사람도 있다. 사람들이 뭐라 하든 간에 물은 끊이지 않고 숲은 샘을 지킨다.

내 삶의 줄기는 어디로 뻗어 있는지
지금 어디쯤 걷고 있는지
백두대간 그 거침없는 흐름처럼
살아가고 싶다.

고목나무샘에서 잠시 앉아 주위를 둘러본다. 바람도 멈춘 숲은 시간이 멈춘 듯 고요하다. 샘물 흐르는 소리에 귀를 기울이며 가만 숲을 느껴본다. 태고 이래의 정적이 밀려와 온몸에 젖어든다. 나 역시 한 그루 나무가 된다. 어깨에 쌓인 정적이 떨어질까 숨도 크게 쉬지 못하는 시간이다.

고목나무샘을 지나 조금 더 가면 탁 트인 능선이 열린다. 분주령이다. 여기서 태백 쪽으로 내려가는 길은 여느 높은 산과 다를 바 없다. 침엽수림이 있는 고산대를 지나 활엽수가 우거진 산 밑까지 잘 닦인 길이다. 가볍게 걸어 30여 분이면 닿는다. 초여름이라면 뽕나무 열매가 입맛을 돋우어줄 것이다.

산 아래 평지에 내려설 무렵 오른쪽으로 검룡소 가는 길이 나온다. 보기에 그리 크지 않은 샘인데 하루에 2,000톤에서 3,000톤에 이르는 물이 솟는다. 물은 일 년 내내 온도가 9도로 같다. 이 물이 정선과 영월을 거쳐 단양, 충주, 여주를 지나 두물머리에서 북한강과 만나 한강을 이룬다.

세 시간 남짓 산책하듯 두리번거리며 가는 7킬로미터 정도 길이다. 온갖 꽃들이 눈을 맞추자며 화사한 얼굴로 쳐다보는데 무뚝뚝하게 지나기 어렵다. 걸으며 생각을 한다. 백두대간 줄기처럼 내가 걷는 삶에도 굵직한 한 줄기 흐름이 있는가. 지금 나는 그 길을 제대로 가는 걸까. 아니면 잠시 비껴나 있는 것일까.

길가의 꽃들처럼 내 삶에도 아름다운 순간들이 피어나고 있는가. 아니면 어둡고 침침한 숲 그늘을 지나고 있는 것일까. 살다보면 중심을 잃을 때가 있다. 그래도 쭉 뻗은 줄기를 놓치지만 않는다면 다시 제 길을 갈 수 있다. 그렇게 믿고 백두대간을 걷는다.

백두대간 기나긴 줄기는 수많은 모습을 간직하고 있다. 분주령 길은 한강의 시원과 수많은 꽃들을 품고 있는 생명의 길이다. 그래서인지 왠지 모를 신비로움이 감도는 길이다. 여럿이서 찾으면 그 신비로움이 깨지고 홀로 찾으면 그 기운에 압도되어 생각이 멈춘다. 둘 또는 셋이 찾기에 딱 알맞다. MH

금대봉에 올랐다가 내려오는 길과 고목나무샘 구간 외에는 대부분이 평탄한 편이다. 분주령에서부터 내려오는 길 또한 급경사는 아니다. 길이 좋다고 샌들을 신고 가면 곤란하다. 두문동재에 차를 두고 분주령을 거쳐 검룡소로 내려온 다음 택시를 불러 다시 두문동재로 돌아가는 데 대략 3만 원 조금 못 미친다. 택시비를 절약하려면 고목나무샘까지만 갔다가 두문동재로 되돌아가는 것도 방법이다. 그 후 자동차로 이동해서 검룡소 입구 쪽에서 걸어갔다 오는 데 한 시간 남짓이면 된다.

• 검룡소
주소 강원도 태백시 창죽동 전화 033-550-2081

비슷한. 그러나. 다른 여행지.

백두대간 능선을 타는 트레킹은 대개 높은 고갯마루에서 시작한다. 원점회귀 코스가 아니면 아무래도 불편하다. 원점회귀 코스인 선자령과 능선까지 올랐다가 내려오는 하늘재, 산행이 어려운 사람을 위한 성삼재를 골라봤다.

평창 선자령

야생화 트레킹 코스로 분주령과 쌍벽을 이루는 길이다. 대관령을 넘어가는 옛 도로 고갯마루 휴게소에 차를 세우고 걸어가면 된다. 분주령과 다른 점은 탁 트인 시야다. 길 대부분이 초지와 관목 숲이기에 양쪽으로 동해와 강원도의 산들을 바라보며 걸어간다. 또 하나의 볼거리가 줄지어 선 거대한 풍차들이다. 푸른 초지에 선 하얀 풍차들이 사뭇 이국적인 느낌을 자아낸다.

주소 강원도 평창군 대관령면 횡계리 **전화** 033-330-2771

충주 하늘재

경상도와 충청도를 넘나들던 길이다. 문경새재가 워낙 유명해 묻혀 있던 길인데 근래 복원했다. 문경 쪽은 도로를 내서 차로 올라갈 수 있는데 충주 쪽은 두 사람이 나란히 걸을 만한 아담한 임도다. 길은 생각보다 가파르지 않다. 길 시작 부근이 미륵리사지이니 둘러보고 걸어 오르면 한 시간 반 정도면 충분하다

주소 충청북도 충주시 수안보면 안보리 **전화** 043-850-6450

지리산 성삼재

성삼재는 남원에서 구례로 넘어가는 고개인데 정상에 성삼재 주차장이 있다. 산행이 어려운 사람도 차로 올라 주차장에 세우고 백두대간 능선에서 세상을 볼 수 있다. 주차장에서 노고단대피소를 거쳐 노고단 고개까지 능선을 따라 다녀오는 길이 있는데 4.7km로 한 시간 걸린다. 길은 넓고 평탄한 편이지만 높은 산인만큼 날씨 변화에 주의해야 한다.

주소 전라남도 구례군 산동면 좌사리 **전화** 061-780-7700

태백에서의 1박 2일

두문동재는 정선에서 태백으로 넘어가는 고개다. 새로 터널이 나면서 옛길은 한적하다. 태백의 느낌을 얻으려면 옛길을 넘는 것도 좋다. 태백 여행은 태백산을 중심으로 둔다. 하루 산행을 하고 쉬었다가 이튿날 탄광촌 벽화마을을 둘러보고 구문소와 고생대자연사박물관 등 태백 남쪽을 둘러보거나 추전역과 용연동굴 등 북쪽을 둘러보면 1박 2일 일정이 얼추 맞는다.

구문소는 황지연못에서 발원한 천이 절벽을 뚫고 지나가는 기이한 장소다. 구문소 바로 앞에 고생대박물관이 있어 함께 둘러볼 수 있다. 추전역은 우리나라에서 가장 높은 곳에 있다는 기차역이다. 평소 기차가 서지 않으니 차로 찾아야 한다. 용연동굴은 추전역에서 5분 거리에 있다. 입구에 차를 세우고 유람열차를 타고 동굴입구까지 올라가야 한다. 사람 손을 많이 타서 신비한 감은 떨어지지만 대신 편하게 관람할 수 있는 굴이다. 시내에서는 탄광회사 사택촌이었던 태백 상장동 벽화마을을 찾아보자. 탄광촌의 애환과 정서를 고스란히 엿볼 수 있다.

태백산에서 본 태백

하늘다음펜션

해발 700m 고지에 있는 펜션이다. 아침에 일어나 펜션 마당에 내려오면 이미 산 위에 올라와 있는 셈이다. 새로 지은 목조건물이 깔끔하다. 커피를 즐길 수 있는 카페동도 운영한다. 태백은 산행을 목적으로 단체나 가족 여행객이 많아 민박이나 펜션도 단체 위주로 운영하며 많지도 않다. 태백산 도립공원단지와 입구에 민박집이 몰려 있다.

주소 강원도 태백시 서학로 940-8
전화 033-554-0007, 010-4477-7000 **홈페이지** www.skynext.kr

태백산 민박촌

태백산도립공원에 있는 15동 73실에 이르는 콘도형 숙박시설이다. 태백은 숙박시설이 많지 않아 여행객의 편의를 위해 태백시에서 나서서 연 민박촌이다. 개인이 운영하는 것보다 저렴하고 관리도 잘 되는 편이다. 그만큼 인기도 많아 인터넷으로 미리 예약을 해야 객실을 구할 수 있다.

주소 강원도 태백시 천제단길 134
전화 033-553-7441 **홈페이지** minbak.taebaek.go.kr

고등어갈치두부조림

첩첩산중 태백의 별미가 생선조림이라면 믿지 않으려 한다. 그런데 그렇다. 고등어, 갈치 등 생선요리를 하는 집들의 내공이 만만치 않다. 초막고갈두는 고등어와 갈치두부찜을 전문으로 한다. 식당 이름도 앞 글자를 따서 고갈두라 지었나.

• **초막고갈두**
갈치찜 10,000원, 고등어찜 6,000원, 두부찜 5,000원
주소 강원도 태백시 황지동 317 **전화** 033-553-7338

태백 한우

한우를 기르는 집도 없는데 태백은 한우로 유명하다. 인근 지역에서 가져와 태백한우라는 이름으로 내놓는다. 고랭지 기후가 고기를 맛있게 숙성시킨다고 설명하는 사람도 있다. 중앙시장에 태백 한우 전문점이 즐비한데 맛이 있으면서도 값이 저렴하다. 시내 번듯한 식당에서 먹어도 다른 지역보다 값싸고 푸짐하게 즐길 수 있다.

• **태백으뜸한우촌**
생갈비살 25,000원
주소 강원도 태백시 황지동 240-16 **전화** 033-553-8555

산중 호수에서 평정심을 얻다

괴산 산막이길

Healing point

잔잔한 호수에서 얻는 마음의 평화
☞ 호숫가 길에서 만나는 때 묻지 않은 자연
☞ 짧은 길에서 누리는 긴 사색
☞ 배를 타고 호수 건너기

충청북도
괴 산 군

비우기 / 채우기 / 머물기 / 떠나기

내 마음의 작은 호수에
머리를 헹구고

어느 날 문득 내가 어디쯤 살고 있나 하는 생각이 들었다. 어느 소설에서 본 글이 떠올랐다. "그게 사는 것이냐. 휩쓸려 다니는 것이지." 대체 나는 누구와 무엇 때문에 몰려다니고 있는 것일까.

고요한 호수. 돌을 던지면 잠시 파문이 일 뿐 이내 잔잔하게 잦아드는 한결같은 마음. 내 마음에도 호수 같은 평정심이 필요하다. 그 마음이라면 내가 어디쯤에서 무엇을 하고 있는지 알 수 있을 것 같다.

충청도 괴산은 여행자들에게는 오랫동안 잊힌 땅이다. 중부고속도로와 중부내륙고속도로가 생기기 이전에는 가는 길도 쉽지 않았다. 덕분에 산천은 때 묻지 않은 자연의 모습을 간직하고 있다. 산과 산 사이를 완만히 흐르는 달천 하류에 댐이 세워지자 산속에 호수가 생겼다. 그 호수를 아는 이는 드물었다. 산막이마을 사람들은 강가 길이 물에 잠긴 이후로 외사리 사오랑 마을까지 배를 타고 다니거나 절벽 좁은 벼랑길로 다녀야 했다. 산골사람은 참 묵묵하기도 하다. 요즘 도시 사람 같으면 길을 내달라 난리였을 텐데.

배가 지나면 물결이 인다.
길 가다 멈추고 가라앉을 때까지 지켜본다.
내 삶의 물결 또한
잠시 멈춰서 바라본다. 가라앉을 때까지.

  50여 년 세월 꼭꼭 숨어 있던 괴산 산막이길과 호수가 알려진 것은 그리 오래지 않다. 괴산군이 호숫가 절벽 길을 나무데크로 잇고 산막이길이라 이름 붙이면서 이제는 평일에도 많은 사람이 찾는 여행지가 됐다. 약 10리, 4킬로미터 남짓한 짧은 길임에도 호수를 끼고 가는 경치가 아름다워 입소문이 퍼진 까닭이다. 나무데크로 낸 인공적인 길이기에 걷는 재미는 덜하지만 절벽과 호숫가 풍광은 자연의 모습을 그대로 간직하고 있다.

  사오랑마을에서 산막이길로 들어가자마자 만나는 노루샘에서 나무데크 길을 따라갈지 아니면 산으로 올라갈지 잠시 고민해본다. 등잔봉으로 올라 천장봉에서 산막이마을로 내려오는 등산 코스는 약 두 시간, 다음 봉우리인 삼성봉까지 갔다가 내려오는 등산 코스는 세 시간 정도 걸린다. 등산 코스를 택하면 호수를 한눈에 내려다볼 수 있다. 천을 막아 생긴 호수이기에 S자형 곡선을 이루고 있다. 물동이동처럼 툭 튀어나온 부분이 한반도 모습과 닮았다. 호숫가 나무데크길을 가면 약 한 시간이면 산막이마을에 닿는다. 등산 코스를 택하여 산막이마을까지 갔다가 나무데크길을 따라 돌아오면 세 시간 내지 네 시간이므로 딱 알맞은 거리다. 산막이마을에 가면 선착장이 있다. 배를 타고 호수를 지나 처음 자리로 돌아오는 건 순간이다. 그 자리가 가장 아름다운 곳이기도 하다.

  산막이길은 사철 아름다운 곳이다. 나무데크길은 겨울에 걷기에도 좋은데 호수가 얼면 배를 타고 돌아올 수 없다. 굳이 가장 좋은 계절을 들자면 봄날이다. 호숫가로 파릇파릇 초록이 올라오고 곳곳에 꽃들이 피어나는 계절. 호수에 내리는 따뜻한 봄볕을 가만 바라보면 저절로 마음이 따뜻해진다.

　　잔잔한 호수를 바라보며 생각에 잠긴다. 살아가며 늘 평안하기를 바라
는 건 욕심이다. 이런저런 일로 마음이 흔들리고 어지러울 때 가만 눈을
감고 이 고요한 호수를 떠올리면 복잡하게 얽힌 일도 이내 가라앉을 것
이다. MH

산막이옛길을 가기 전 홈페이지(http://sanmaki.
goesan.go.kr)에서 미리 코스를 확인해두자. 길이 짧아 아쉽
다면 갈론마을을 찾아보자. 한때 오지마을이라 알려졌을 정
도로 소박한 산골마을의 모습을 간직한 곳이다. 괴산댐에서
오른편으로 가면 산막이마을이고 왼편으로 올라가면 갈론마
을인데 자동차로 갈 수 있다.

<h1 style="text-align:center">비슷한. 그러나. 다른 여행지.</h1>

알게 모르게 산속에 호수가 많다. 이제 더 이상 저수지나 댐을 지을 곳이 없다는 말도 있는데 그만큼 호수도 많다는 뜻이다. 풍광이 특히 아름다운 작은 호수들을 소개한다. 먼 길 힘들여 찾을 만큼 보람이 있는 곳들이다.

포천 산정호수

산정호수는 이미 잘 알려진 관광지다. 숙박시설이 다양하고 볼거리, 놀거리도 풍부하다. 억새산행지로 유명한 명성산 아래 있어 가을철을 비롯해 사계절 주말이면 발 디딜 틈도 없다. 호수의 정취를 제대로 느끼려면 평일에 찾아야 한다. 명성산 산행을 하고 호숫가 펜션에서 하루 머물면 오래도록 기억에 남을 것이다.

주소 경기도 포천시 영북면 산정리 191

포항 오어지

포항 남쪽 야트막한 운제산에 있는 호수다. 오어지가 이름난 데는 호숫가에 자리 잡은 작은 절 오어사가 한몫한다. 내력은 깊어 원효와 혜공선사의 일화가 내려오는 천사백 년 가까운 고찰이다. 오어지를 바라보며 산책을 한 후 계곡에 숨은 원효암과 높다란 절벽 위에 있는 자장암을 둘러보는 데 한나절 꼬박 걸린다. 봄 진달래, 가을 단풍이 들 때 특히 아름답다.

주소 경상북도 포항시 남구 오천읍 항사리 34

진안 용담호

용담댐 저수량은 우리나라에서 5번째로 꼽힌다. 그만큼 너른 호수다. 댐 가까이는 바다처럼 넓지만 상류 쪽으로 가면 진안 산골 골골이 들어간 물이 아담하기 짝이 없다. 호수 주위는 물론 하류 쪽으로도 깨끗한 자연환경을 지니고 있다. 호숫가마을 또한 소박하기 짝이 없다. 호수 일주도로는 마이산과 함께 들러보는 드라이브 코스로도 이름나 있다. 군데군데 별장과 펜션들이 있는 풍경이 나만의 호수 같은 느낌을 준다.

주소 전라북도 진안군 용담면 월계리

괴산에서의 1박 2일

괴산은 때 묻지 않았다는 표현이 딱 들어맞게 그야말로 자연이 깨끗하다. 화양구곡과 선유구곡, 쌍곡구곡 등 이름난 계곡들은 강원도 계곡과는 느낌이 다르다. 강원도 계곡이 거칠고 힘이 있다면 충청도 계곡은 아기자기하면서 운치가 있다. 화양구곡 근처에 있는 민박집을 잡으면 화양서원 등을 둘러보고 계곡물에 발을 담그며 놀기 좋다.

송시열 선생이 붙인 9곡인 경천벽, 운영담, 읍궁암, 금사담, 첨성대, 능운대, 와룡암, 학소대, 파천을 찾아보는 것도 재미다.

괴산군에서는 산막이길에 이어 충청도양반길을 조성하고 있다. 화양구곡과 선유구곡, 쌍곡구곡 등 괴산의 계곡 명소와 산막이옛길을 잇는 총 81km, 9구간으로 조성 중인데 1차로 21km, 3구간이 열렸다. 괴산의 계곡과 산막이길, 충청도양반길을 걷고 중부내륙고속도로를 이용해 수안보온천이나 충주, 문경의 여행지 한두 곳을 둘러보면 1박 2일 일정을 알차게 짤 수 있다.

화양계곡 경천벽

소나무펜션

화양계곡 아래쪽에 있는 펜션이다. 펜션 앞으로 너른 강이 흐른다. 강을 바라보며 바비큐를 즐길 수 있다. 주인 내외가 거주하며 운영하는데 단지형 펜션은 아니지만 규모가 있는 편이다. 통나무집 형태로 다양한 규모의 객실이 있다. 매점과 식당까지 운영하고 있어 준비가 부족해도 불편함이 없다.

주소 충청북도 괴산군 청천면 후영리 143-1
전화 043-834-2245
홈페이지 http://ggmobile.kr/0438342245

금성민박

화양계곡 안에 있는 7채 민박 중 한 곳. 민박은 무엇보다 주인의 마음씨가 중요한데 단골이 많은 집이다. 20년째 민박과 식당, 매점을 운영하고 있다. 화양계곡 주차장에 차를 세우고 10여 분 걸어 올라가야 하는데 미리 연락하면 봉고차로 데리러 온다. 아담한 옛 기와집으로 화장실 등 불편한 점도 있지만 바로 앞이 계곡이라는 장점이 있다. 주인이 운영하는 식당에서 메기매운탕과 닭볶음탕 등 식사를 할 수 있다.

주소 충청북도 괴산군 청천면 화양리 389-2 **전화** 043-832-4351

매운탕

괴산은 맑은 계곡이 많아 민물매운탕을 하는 집들이 꽤 있다. 빠가사리, 메기, 잡어 등 매운탕 종류가 다양한데 민물매운탕의 참맛은 잡어매운탕이라 생각한다.

• 괴강매운탕
잡고기 매운탕 25,000원~
주소 충청북도 괴산군 괴산읍 대덕리 93 **전화** 043-832-2974

올갱이해장국

충청북도는 다슬기로 끓인 올갱이국을 해장국으로 많이 먹는다. 푸른 다슬기가 간에 좋다고 해서 술 마신 뒤에 많이 찾는 것이다. 괴산읍에 있는 맛식당은 만화 〈식객〉에 소개된 집이다. 저녁이면 재료가 떨어지는 경우도 있다.

• 맛식당
올갱이국 7,000원, 무침 40,000원
주소 충청북도 괴산군 괴산읍 동부리 638-5 **전화** 043-833-1580

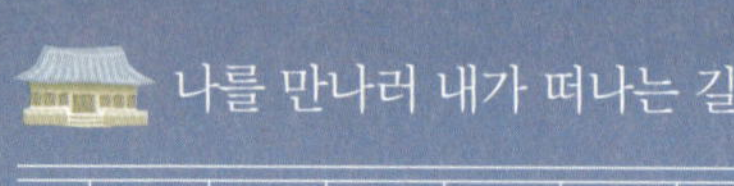

서산 부석사 템플스테이

Healing point
우주 그리고 나를 생각하는 시간
☞ 명상에 들어보기
☞ 절집 마당 쓸기
☞ 차를 마시고 이야기 나누기
충청남도
서 산 시

잡념이 들끓다
사라지는 자리에 있는 나

비우기 / 채우기 / 머물기 / 떠나기

서산 부석사에서 잠을 청한다. 부석사라면 흔히 영주 부석사를 떠올리는데 서산에도 부석사가 있다. 서산 부석사는 영주 부석사처럼 의상대사가 세웠다고 하고 선묘낭자의 전설도 비슷하다. 의상대사를 사모하여 용이 된 중국의 여인. 절을 짓는 데 방해하는 사람들이 있자 돌을 하늘로 들어 올려 쫓아냈다는 낭자의 넋은 어느 세상에 환생하여 살았을까. 거리가 한참 떨어진 두 사찰이 어째서 같은 전설을 간직하고 있는지 모를 일이다.

십 년 전만 해도 작은 절이었는데 일주문이 서고 찻집이 생기고 운조루가 자리 잡는 등 점점 커지고 있다. 그래도 소박한 법당과 요사채, 안양루는 그대로다. 오랜만에 만난 친구처럼 정겹다. 템플스테이 공간도 새로 지어 깔끔하다.

밤이 깊도록 잠을 이루지 못한다. 생각 하나가 어디선가 툭 튀어나오더니 이내 이 생각 저 생각 불길처럼 번진다. 자는 듯 마는 듯 밤이 지나고 은은한 목탁 소리가 온다. 도량석을 도는 스님의 게송이 웅얼웅얼 들린다. 그제야 깊은 잠에 빠져든다. '새벽 예불에 들어가야 하는데….'라는 생

깊은 밤 산사를 울리는 풍경 소리
선잠 든 머리맡에 가만 내려앉나니
바람이 지나간 걸까 두고 온 번뇌가 따라온 걸까.

비우기 / 채우기 / 머물기 / 떠나기

각이 마지막이었다.

아침에 일어나서 빗자루를 들고 절 마당을 쓴다. 새벽 예불은 빠지더라도 마당은 쓸어야 한다. 이슬 맺힌 풀잎들에 하루의 시작이 맺혀 있다. 이리저리 비질을 하며 어수선한 머릿속도 쓸어낸다.

무얼 얻고자 절집을 찾은 건 아니다. 고작해야 하룻밤 길어야 몇 날 며칠인데 얻고 말고 할 게 뭔가. 버리기도 부족한 시간이다. 아침 공양으로 배를 채운다.

수풀을 헤치고 산으로 올라간다. 도비산 부석사. 하늘로 날아오르는 산. 허공에 뜬 절. 서산 바닷가 산 중턱에 박힌 사찰이다. 주말 템플스테이는 선수행체험과 다도, 생태체험 프로그램을 운영한다. 아침에 일어나 도비산 정상을 오르며 수목의 이름을 불러보고 나무와 풀과 내가 하나인지 둘인지 따져보는 시간이 생태체험이다. 평일에는 휴식형 템플스테이라고 따로 부른다. 공양시간에 나타나 끼니 얻어먹고 알아서 절에서 지내는 거다.

부석사 템플스테이는 비교적 자유롭다. 아침에 비질만 잘하면 된다. 비질이 곧 머릿속을 깨끗이 하는 일이다. 종교 또는 체력 때문에 108배를 못하더라도 뭐라 않는다. 저녁 예불과 공양을 마친 뒤 스님과 함께하는 다담시간도 편하다. 저 아래 세상과 속세와 자동차로 불과 10분 거리임에도 딴 세상같이 한갓지다.

사찰 뒤로 도비산 정상을 올라가는 오솔길을 하루 한 차례 오르내리면 다리에 힘이 붙는다. 살면서 머리만 써서 기운이 위로 몰린 요즘 사람들에게 꼭 필요한 힐링요법이기도 하다. 산행을 마치고 운조루에 앉아 세상을 내려다보며 하루를 보낸다. 벌렁 누워 지나는 구름을 보는 것만으로도 시간은 잘도 흐른다.

누워 있기도 지치면 책상다리를 하고 앉아 고요히 명상에 든다. 쉴 새 없이 일어나는 잡념도 가만 들여다보노라면 어느 순간 사라진다. 하루 이틀의 명상으로 모든 생각이 끊어진 텅 빈 자리에 이른다는 것도 욕심이다. 그저 잡념이 들끓다 사라지는 것을 보는 것만으로도 마음이 가벼워진다.

부석사는 서쪽을 보고 있어 절 마당에서 보는 일몰이 아름답다. 부석사가 들어선 이래 1,300년 세월 해는 몇 번을 뜨고 졌던가. 그동안 숱한 수도자가 머물다 흩어지고 또다시 모여든 자리다. 무학대사와 경허선사, 만공선사 등 고승들의 발자취는 찾아볼 길이 막연하지만 떨어지는 해만은 예나 지금이나 같을 것이다.

스님이 범종각으로 향한다. 해가 진 공간을 종소리가 울려 채운다. 이어지는 목탁 소리. 도비산 부석사 1,300년 세월에 한 눈금이 더해진다. 오늘 밤은 달게 잘 수 있을 것 같다. MH

누가 템플스테이라는 세련된 단어를 썼는지 모르지만 대중에게 쉽게 다가가긴 했다. 템플스테이는 하나의 트렌드처럼 회자되고 있다. 통도사, 해인사 등 대찰의 템플스테이는 좀 엄격하다. 단체로 들어가면 새벽 예불부터 불교에 대한 이해, 수행체험까지 숨 가쁘다. 사찰체험, 선수행체험이라고 할 수 있다. 규모가 작은 중소 사찰에서는 조금 느슨하다. 주말에는 사찰체험 위주로 운영하지만 평일 휴식형 템플스테이를 선택하면 말 그대로 절에 머물며 휴식을 누릴 수 있다.

<h1 style="text-align:center">비슷한. 그러나. 다른 여행지.</h1>

사찰마다 템플스테이를 운영하는데 규모와 스님들에 따라 성격이 약간씩 다르다.
다음 세 곳은 각기 다른 느낌을 얻을 수 있는 템플스테이다.
절을 찾기 전에 홈페이지를 살펴보고 내가 원하는 것과 맞는지 알아보자.

남원 실상사

지리산 뱀사골계곡 아래 있는 작은 절이다. 여름과 겨울 2회 운영하는 정기수련 프로그램과, 1박 2일에서 일주일까지 자율적으로 머무는 자율휴식형 프로그램을 운영한다. 공양시간과 아침 청소 외에는 거의 자율적으로 생활하기에 지리산 둘레길을 걷거나 암자산행 등을 할 수 있다. 비용은 성심성의껏 자율 보시한다.

주소 전라북도 남원시 산내면 입석리 50 **홈페이지** www.silsangsa.or.kr

공주 영평사

산세와 어우러진 사찰 풍광이 아름답다. 가을에 절 주위로 구절초가 만발해 일부러 찾는 이가 많다. 영평사는 계절에 따라 템플스테이 프로그램을 마련하고 운영한다. 휴식형 템플스테이는 특별한 프로그램이 없으며, 프로그램은 기본적으로 명상과 참선 등을 통해 개인의 정신 건강 회복에 초점을 맞춰 진행한다.

주소 세종특별자치시 장군면 산학리 441
홈페이지 www.youngpyungsa.org

예산 수덕사

수덕사는 덕숭총림으로 불리는 대찰이다. 입구에 나혜석, 일엽 스님, 이응로화백 등 문학과 예술계에 회자된 인물들이 머물렀던 수덕여관이 있고 사찰 또한 아름다워 수많은 관광객과 참배객이 찾는다. 단체 템플스테이 위주로 운영하는데 예불과 선명상, 발우공양, 108배, 운력 등 불교수행의 기본 과정과 삶을 체험할 수 있다.

주소 충청남도 예산군 덕산면 수덕사 안길 79
홈페이지 www.sudeoksa.com

서산에서의 1박 2일

서산이지만 서해안고속도로 홍성나들목으로 나와서 가는 게 빠르다. 홍성나들목으로 나오면 김좌진장군의 생가지가 있으니 잠시 들러보자. 서산 방조제를 따라가다 보면 간월도가 나온다. 조선 건국에 참여했던 무학대사가 달을 보고 도를 얻었다는 절이다. 작은 섬이 곧 절이며 밀물 때는 배를 밀어 건너가는 특이한 지형 때문에 사람들이 많이 찾는다.

간월도를 지나 서산으로 들어서면 널따란 간척지가 펼쳐지고 오른쪽으로 서산버드랜드가 보인다. 서산을 찾는 철새들에 대해 알아볼 수 있는 곳이다. 서산버드랜드를 좀 지나면 오른편으로 부석사로 가는 길이 나오고 직진하면 태안 안면도로 넘어간다.

안면도는 할미 할아비 바위의 일몰로 유명한 꽃지해변을 비롯해 수많은 해변과 항구가 있다. 해변과 항구, 마을을 따라 장장 100km에 이르는 해안길이 나 있다. 해안길 중간에 있는 백사장항은 대하와 꽃게의 집산지로 평일에도 관광객이 몰리는 항구다.

간월도

부석사 템플스테이

1박 2일 또는 2박 3일 주말 프로그램을 선택하면 사찰체험과 생태체험, 다담시간 등 일정에 따라 움직인다. 참선과 염주 만들기, 단청 그리기 등의 프로그램을 진행하며 철새가 오는 계절에는 천수만 탐조 프로그램도 운영한다. 오후 3시까지 도착해서 종무소에 접수하고 간편한 옷과 안내를 받으면 된다. 휴식형 템플스테이는 따로 문의해서 일정 등을 상의하면 된다. 1박 2일 5만 원.

주소 충청남도 서산시 부석면 취평리 160
전화 070-8801-3824 **홈페이지** www.busuksa.com

휴먼발리펜션

안면도는 펜션이 많기로 유명하다. 바닷가를 따라 깔끔한 펜션들이 줄지어 있어 어느 한 곳을 소개한다는 건 사실 의미 없다. 여행지와의 거리나 시설 등이 제각각이니 더욱 그렇다. 휴먼발리펜션은 안면도 동쪽 간월도를 바라보는 해안에 있다. 간월도 너머에서 뜨는 달과 아침 해를 만날 수 있다.

주소 충청남도 태안군 안면읍 황도리 64-9 **전화** 010-2270-8200 **홈페이지** www.humanvalley.co.kr

영양굴밥

부석사에서 멀지 않은 간월도에 음식점들이 몰려 있다. 간월도 항구에 횟집타운이 있으며 주위로 대형 음식점들이 많다. 지역 사투리로 갱개미무침이리 부르는 가자미무침과 영양굴밥 등이 주요 메뉴이며 계절에 따라 대하, 전어 등 제철 해산물들을 내놓는다.

• 맛동산
영양굴밥정식(1인분) 12,000원
주소 충청남도 서산시 부석면 간월도리 16-24 **전화** 041-669-1910

우럭젓국

안면도 쪽으로 넘어가면 우럭젓국과 게국지 등이 요즘 유행이다. 작은 게를 겉절이와 무쳐 삭힌 다음 물을 붓고 끓인 게국지는 태안지방의 향토음식으로 집집마다 맛이 다르다. 우럭젓국은 반쯤 말린 우럭을 넣고 새우젓으로 간을 한 다음 채소를 넣어 끓인 탕인데 지리와 비슷하면서도 맛이 시큼하여 입맛을 돋운다.

• 솔밭가든
우럭젓국(중) 35,000원
주소 충청남도 태안군 안면읍 승언리 967-3 **전화** 041-673-2034

 동쪽 하늘 청량함이 내려와 나를 감싸네

봉화 청량사

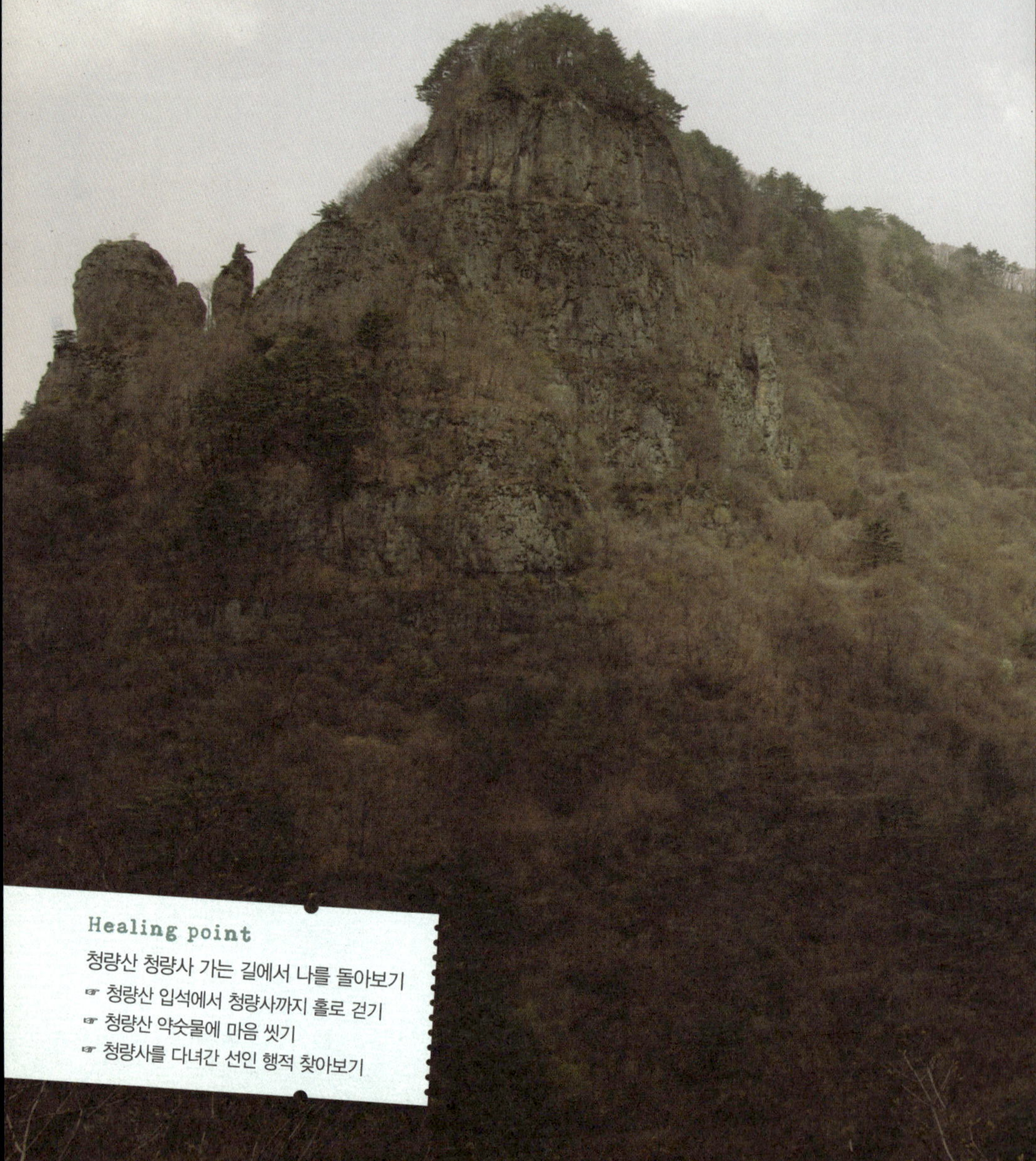

경상북도
봉화군

청량산
구름 벗 삼아 가는 길

절을 찾아갈 때는 일주문을 지나라 일러주곤 하는데 청량사만은 돌아가라 한다. 일주문 앞을 지나쳐 포장도로를 따라 30분 정도 가면 입석 표지에서 청량사로 가는 길이 시작된다. 이리 일러주고 나면 더 이상 할 말이 없다. 그 길을 어찌 말로 담을 수 있을까. 그럴 재주가 없는데 굳이 쓰려니 난감하다. 말이 끊어진 자리. 그 길이 그런 길이다.

길은 오솔길이다. 기암절벽 중간쯤을 가로질러 간다. 해발 870미터 그리 높지 않은 산인데 세상이 멀리 내다보인다. 산이 산을 첩첩이 감싸 안은 땅이다. 길은 두어 곳 숨 가쁘게 올라야 하지만 잠시일 뿐이다. 대체로 평탄하여 겨울 눈길도 갈 만하다. 절벽 옆구리를 질러 한 번 돌아들면 불쑥 거대한 바위 병풍이 나타나고 그 아래 작은 암자가 보인다. 암자 아래로는 다시 절벽이다. 절벽에 걸터앉은 듯한 암자가 외청량사. 원효대사가 머물렀던 응진전이다.

응진전을 지나 다시 바위 절벽을 돌아가면 청량산 봉우리들을 한꺼번

눈을 들면 육육 열두 봉우리
내려 보면 까마득한 이 세상
두고 온 게 뭔지
도무지 떠오르지 않네.

비우기 / 채우기 / 머물기 / 떠나기

에 바라볼 수 있는 어풍대가 나온다. 청량산 기슭에 파묻힌 듯 자리 잡은 청량사가 한눈에 들어온다. 어디까지가 사찰이고 어디서부터 산인지 경계를 지을 수 없다. 애써 사진에 담아보려 하나 그 선기(仙氣)를 어찌 감당하랴. 사라졌다는 단원 김홍도의 〈청량취소도〉를 보고 싶을 뿐이다.

봄날 어풍대에서 청량산을 바라보며 겨울 하얀 눈이 내리면 어떤 모습일까, 상상을 해봤다. 청량이라는 이름에서 드는 느낌이 겨울이다. 그래서 겨울에 다시 청량산을 찾았다. 그리곤 깨달았다. 이 산은 봄 여름 가을 겨울 찾아야 하는 산이라는 걸. 청량산의 사계를 알면 내가 어디쯤 살고 있는지 알 것 같다. 꿈꾸는 봄날인지 질주하는 여름날인지, 낙엽 지는 가을인지… 그리고 겨울 청량산. 순백의 세상은 우리가 어디서부터 왔는지 그 본(本)을 알려줄 것이다.

또 상상을 해봤다. 옛날에는 열두 봉우리마다 크고 작은 암자가 스물일곱이었단다. 그 암자들에서 저녁 예불 소리가 흘러나오면 항아리같이 둥근 청량산에 독경 소리가 가득 어우러져 하늘로 올랐을 것이다. 하늘로 울려 퍼지는 독경 소리는 바람을 타고 세상으로 퍼져갔으니 동방청량불국정토란 말이 무색하지 않았으리라.

단원이 통소를 불었을 때도 떠올려봤다. 한줄기 통소 가락이 그윽하게 맴돌았을 그날. 여름이었단다. 더위도 쉬어가는 청량산 그늘 아래 시를 짓고 통소를 불던 단원을 그려본다. 아! 그리 생각하니 청량산이 담고 있는 소리는 이뿐이 아니구나. 어린 이황이 글을 읽는 소리, 청년 김생의 붓이 쓱쓱 거침없이 달리는 소리. 소리로도 청량산을 볼 수 있구나.

어풍대를 지나면 최치원이 마셨다는 약수터를 거쳐 청량정사와 산꾼의 집으로 간다. 청량정사는 퇴계 선생이 공부를 하던 곳이고 산꾼의 집은 어느 날 청량산에 들어온 산꾼이 사람들에게 차를 나눠주는 집이다. 청량산에서 캔 갖가지 약초를 달인 산꾼의 차는 한 모금 두 모금 마실 때마다 아랫배가 따뜻해진다. 좋은 차다.

청량사에 이르러 어풍대를 바라본다. 절을 지키기라도 하는 듯 왼쪽에 절벽이 떡 버티고 서 있다. 그 자리에서 청량사를 보았고 이제 청량사에서 절벽을 바라본다. 따지고 보면 선 자리나 보이는 자리나 모두 청량산중이다.

원효와 의상을 비롯한 숱한 고승이 이 자리에 머물다 가고 퇴계 이황, 단원 김홍도, 서예가 김생, 고운 최치원 등 숱한 선비와 기인이사가 찾은 산이다. 신라의 국선 영랑은 이 산에서 세상을 떠났다. 모두가 청량산중 다녀간 짧은 생이다.

절 아래 작은 찻집이 있다. 통유리로 창을 낸 찻집 구석에 앉아 차를 마시며 생각한다. 이제 어느 계절에 다시 오나. MH

🌳 청량산은 도립공원이다. 입석에서 청량사까지는 산행이랄 것도 없는 짧은 길이다. 어풍대를 지나 청량사로 내려가지 않고 김생굴을 거쳐 청량산 구름다리까지 가는 길도 있다. 하루 등산으로 적당한 길이다. 도립공원 상가단지 가는 길에 청량산박물관과 농경문화전시관이 있다. 산골 봉화의 농경문화 등을 살펴볼 수 있다.

주소 경상북도 봉화군 명호면 청량로 255
전화 054-679-6653
홈페이지 mt.bonghwa.go.kr

요즘 어지간한 사찰은 바로 아래까지 차로 갈 수 있다.
절집은 걸어서 찾아야 하는데 세상이 바뀌어 그런 절이 드물다.
풍경에 마음을 씻으며 걷는 길. 그 끝에 정갈한 도량을 만날 수 있는 길 세 곳이다.

소백산 비로사

소백산 자락길 첫 구간은 소수서원에서 시작해 금성단, 초암사, 달밭골, 비로사, 십승지, 장림리로 이어지는 길이다. 그 가운데 초암사에서 비로사까지 가는 길만 떼놓으면 말 그대로 소백산 자락 너머 산사 가는 길이다. 달밭골을 지나 외딴 주막에서 옥수수술 한 잔 걸치면 딱 네 시간 걸린다. 소백산의 풍광과 아담한 숲길을 걸으면 세상 밖의 세상으로 가는 기분이 든다.
주소 경상북도 영주시 풍기읍 삼가리 390

완주 화암사

불명산 깊은 계곡에 숨은 산사 화암사를 가는 길은 그 자체가 사색이다. 우거진 숲 사이로 난 외줄기 길을 따라가다 보면 세상 근심 걱정을 하나하나 벗어놓게 된다. 계곡물을 따라가는 길이기에 아담한 소도 폭포도 만난다. 길은 30분 정도 올라가니 그리 긴 편이 아니다. 길 끝에서 만나는 화암사는 백제양식의 건축미를 볼 수 있는 소박한 절집이다.
주소 전라북도 완주군 경천면 가천리 1078

순천 선암사와 송광사

조계산 선암사에서 송광사 가는 길. 혹은 그 반대로 걷는다 해도 뭐랄 사람 없다. 선암사 가는 길도 좋은데 또 너머 송광사 가는 길까지 더하니 그야말로 아껴가며 천천히 걸어야 한다. 이름난 길임에도 다시 소개를 하는 건 속된 말로 '죽기 전에 꼭 걸어봐야 할 길'이기 때문이다.

 • 선암사
주소 전라남도 순천시 승주읍 죽학리 산 802 **홈페이지** www.seonamsa.net
 • 송광사
주소 전라남도 순천시 송광면 신평리 12 **홈페이지** www.songgwangsa.org

봉화에서의 1박 2일

봉화를 여행할 때 사대길지로 꼽히는 금계포란의 명당 닭실마을과 청암정은 꼭 들러보는 곳이다. 닭실마을은 안동 권씨가 5백 년을 이어 사는 마을인데, 마을 한가운데 있는 청암정은 커다란 거북 바위 위에 세운 정자로 주위가 연못이다.

춘양목군락지는 쭉쭉 뻗은 금강송을 만날 수 있는 숲이다. 울창한 금강송들 사이를 거닐며 삼림 욕을 즐기기에 딱 알맞다. 물야면 오전리에는 오전약수터가 있다. 조선 성종 때 전국 약수를 조사했는데 그 가운데 으뜸으로 꼽힌 약수다.

축서사는 신라 의상대사가 부석사에 앞서 창건한 사찰이었으나 조선 말기 의병들이 항일투쟁을 할 때 일본군이 대웅전만 남기고 불태워버렸다. 일제강점기 말부터 다시 불사가 이어져 지금에 이르렀는데 전각 배치가 단정하고 경관이 뛰어나다. 청량산에서 낙동강을 따라 내려가면 바로 안동 땅이다. 도산면 가송리 농암종택에서 강을 따라 단천리까지 퇴계 이황선생이 청량산으로 오가던 오솔길이 남아 있다. 퇴계오솔길, 예던(녀던)길로 부르는 강가의 길은 뛰어난 풍광을 자랑한다.

청암정

농암종택

봉화 땅은 아니지만 안동 도산면 가송리가 봉화읍보다 더 가깝다. 조선 중기의 문신 농암 이현보 선생의 후손이 거주하며 손님을 맞는다. 농암종택은 분강서원, 애일당까지 숙박시설이 되어 있다. 독채와 사랑채 등 다양한 형태의 방이 있으며 가격도 각기 다르다. 뷔페식 아침 식사를 제공하며 식대는 별도다.

주소 경상북도 안동시 도산면 가송리 올미재 612
전화 054-843-1202 **홈페이지** www.nongam.com

청량산모텔

청량산 입구 상가단지에 있는 모텔로 산행을 오는 사람들이 주로 묵는다. 도심 속의 모텔과 다를 바 없는 인테리어 시설로 비교적 깔끔하다. 청량산 입구까지 불과 5분 거리다.

주소 경상북도 봉화군 명호면 관창리 1726-4 **전화** 054-674-2267

송이돌솥밥

봉화는 송이로 유명한 고장이다. 송이돌솥밥(15,000원)이나 송이전골(1인분 15,000원) 등 송이를 재료로 한 다양한 요리를 전문으로 하는 집을 찾아보자. 읍내에 있는 솔봉이식당과 용두식당이 많이 알려져 있다.

· **솔봉이식당**
주소 경상북도 봉화군 봉화읍 내성리 232-11
전화 054-673-1090

· **용두식당**
주소 경상북도 봉화군 봉성면 동양리 470-3
전화 054-673-3144

솔잎돼지구이

솔잎과 함께 구워 먹는 돼지불고기. 은은하게 밴 솔 향이 돼지고기 맛을 깔끔하게 해준다. 청량산도립공원 상가단지 오시오식당이 많이 알려졌는데 읍내에 분점(054-672-9012)을 냈다.

· **오시오식당(본점)**
솔잎숯불돼지고기 9,000원, 솔잎숯불양념돼지고기 10,000원
주소 경상북도 봉화군 명호면 관창리 1732-3 **전화** 054-673-9012

 호젓한 숲길에 깔린 너와 나의 이야기

창원 저도비치로드

Healing point

숲과 바다 그리고 대화가 주는 활력
☞ 땅끝 한적한 섬 숲길에서의 대화
☞ 숲과 바다에서 에너지 채우기
☞ 섬마을 인심 나누기

제1코스
경상남도
창 원 시

숲과 바다,
그리고 대화가 있는 길

혼자 걷는 길은 사색의 길이다. 둘이 가는 길은 대화의 길이며 셋이 가면 수다가 된다. 우리 삶에 모두 필요한 길이다. 사색도 대화도 수다도. 다만 필요한 때가 다를 뿐이다. 외로운 나날들, 무수한 생각이 포말처럼 떠올랐다 피어나지도 못하고 사라지기만 하는 날들. 사방이 벽처럼 느껴지는 갑갑한 그날에는 대화가 필요하다. 마음 맞는 사람을 찾아 납치라도 해서 데려가자. 저도비치로드 숲길로.

저도비치로드는 남쪽 바닷가 외딴섬 저도를 걷는 길이다. 주말에는 사람들이 있지만 주중이면 인적이 드물다. 혼자보다는 마음 맞는 사람과 함께 걸어야 할 길이다. 두 사람이 서로에게 집중할 수 있는 시간이 숲길에 깔려 있다. 그 시간을 가볍게 밟으면 풀썩 마른 먼지처럼 대화가 피어날 것이다.

어지간한 곳에서는 저도비치로드까지 가는 길도 머나먼 여행이다. 지금은 창원시이지만 마산이라는 이름이 더 익숙한 땅이다. 창원역에서 다

땅끝 외딴섬에서
땅에 갇혀 있는 사람들을 생각한다.
나의 바다는 얼마나 넓은가
바다처럼 열린 마음으로 대화를 나누는 길을 걷다

비우기 / 채우기 / 머물기 / 떠나기

시 버스를 타고 한 시간여 들어가야 저도에 도착한다. 연륙교가 있어 배를 타지 않은 것이 다행이다.

저도는 용두산이라고 해도 괜찮다. 해발 202.7미터 산이 곧 섬이다. 섬 산 둘레를 반 바퀴 도는 길이 비치로드다. 하늘에서 보면 돼지가 누워 있는 모습같이 보여 저도라고 부른다는데, 위성사진도 없는 옛 사람들이 어찌 그 모습을 알았을까. 돼지 목 아래쪽에 하포마을이 있다. 저도비치로드는 하포마을에서 시작해서 하포마을에서 끝난다.

숲이 우거진 흙길이다. 우거진 나무숲 사이로 바다가 언뜻언뜻 비친다. 그 길도 잠깐 언덕배기에 올라서면 눈앞에 활짝 펼쳐지는 바다. 거제, 고성, 통영, 마산이 바다를 에워싸고 있어도 그래도 바다는 열린 마음인 듯 넓기만 하다. 멀리 배가 보이고 섬이 아득한 바다를 보며 걷는 숲길이 저도비치로드의 매력이다.

섬 바닷가 길은 대개 뙤약볕을 걷는데 저도비치로드는 숲이라는 이름이 어울린다. 울창한 숲길을 걷다가 문득 나타나는 바다를 보고 다시 숲으로 숨어들어 가는 길이 한 시간 반 정도 걸린다. 이렇게 단 코스만 돌아도 섬을 3분의 1은 돈 셈이니 정말 작은 섬이다. 중간에 숨이 턱턱 차오르는 오르막길이 한 번 있다.

단 코스가 끝나는 오르막길 정상 고갯마루가 용두산 능선. 여기서 제1, 제2, 제3 바다구경길을 가려면 다시 해안으로 내려가야 하고, 용두산 정상으로 가려면 능선을 타고 올라가야 한다. 능선을 가로질러 내려가면 출발점이었던 하포마을로 간다. 바다구경길을 모두 돌아서 용두산 정상을 거쳐 다시 이 자리까지 오는 데 두 시간 반에서 세 시간 정도 걸린다.

홀로 걷기에는 너무 외진 길이다. 마음 맞는 길동무와 도란도란 이야기를 나누며 걸을 때 외롭지 않은 길이다. 한 사람 지날 만한 숲길이니 앞서거니 뒤서거니 걸으며 마음을 나눌 수 있다.

대화는 듣는 것으로 시작한다. 숲이 들려주는 이야기, 바다가 들려주는 이야기 그리고 동행하는 이가 들려주는 이야기가 내 마음에 차곡차곡 쌓인다. 그 이야기들이 마음을 움직이고 내 영혼을 달래준다. 영혼이 평안할 때 비로소 나의 이야기도 흘러나온다. 영혼의 깊은 밑바닥에서부터 울려 퍼지는 나의 이야기는 나를 그리고 동행자의 영혼을 다시 흔들고 그럼으로써 대화는 숲과 바다에 스며든다. MH

이곳은 창원시의 구로 편입됐지만 한때는 마산시였던 고장이다. 행정구역 명칭만 바뀌었을 뿐 마산 사람들의 자부심 또한 여전하다. 마산 끝부분 저도는 일찌감치 연륙교가 놓인 섬이다. 육지와 섬 사이 바다가 강보다 폭이 좁다. 옛 연륙교는 '콰이강의 다리'라 부르는데 태국 콰이강의 다리와 비슷해 붙은 별명이다. 새로 연륙교가 나며 옛 다리는 연인들 차지가 됐다. 사랑의 자물쇠가 난간에 즐비하다. 마산역 또는 창원역에서 버스를 타고 저도 하포마을 종점까지 가는 데 약 한 시간 걸린다.

저도 주소 경상남도 거제시 장목면 유호리

비슷한. 그러나. 다른 여행지.

우리나라 어디를 걸어도 우리 땅 우리 고장이다. 걷기 여행이 인기를 모으며 곳곳에 옛길들이 복원되었는데 각기 느낌이 다르니 어디가 특별히 좋다고 하기는 어렵다. 다만 이 세 길을 걸어야 좀 걸어봤다는 소리는 들을 수 있을 것이다.

강화 나들길

강화의 들과 바다를 즐기는 길이다. 모두 14코스로 강화도 해안을 따라가기도 하고 내륙을 종횡으로 질러가기도 한다. 수도권에서 가깝고 교통편도 편리하므로 시간을 두고 틈나는 대로 찾아 모두 종주하는 것도 의미가 있을 것이다. 홈페이지가 잘 되어 있어 정확한 코스 및 여행 정보를 쉽게 얻을 수 있다.

홈페이지 www.nadeulgil.com

변산 마실길

부안군 변산의 해안을 걷는 길로 만들어져 내륙까지 계속 이어 개발하고 있는 길이다. 처음 공식적으로 열린 길은 4구간 8코스다. 그중 1구간 3코스 성천에서 격포항 길은 해안 절벽 위를 가는 길이기에 조망이 좋다. 해안 도로를 따라 난 길이라 지치거나 단조로우면 택시를 불러 격포항으로 바로 이동할 수 있다.

홈페이지 www.buan.go.kr/02tour/01tour/tour03/08

해파랑길 고성구간

해파랑길은 위로 고성통일전망대에서 남쪽 부산까지 동해 해안선을 따라 걷는 길을 모두 아우르는 길 명칭이다. 각 지자체가 개발한 길과 중복되기도 하고 비껴가기도 한다. 고성구간 4, 5코스는 고성 거진항에서 해양박물관까지 가는 4시간 남짓한 길이다. 해안 절벽 위를 걸으며 망망대해 동해와 화진포의 절경을 감상할 수 있다.

홈페이지 www.haeparanggil.org

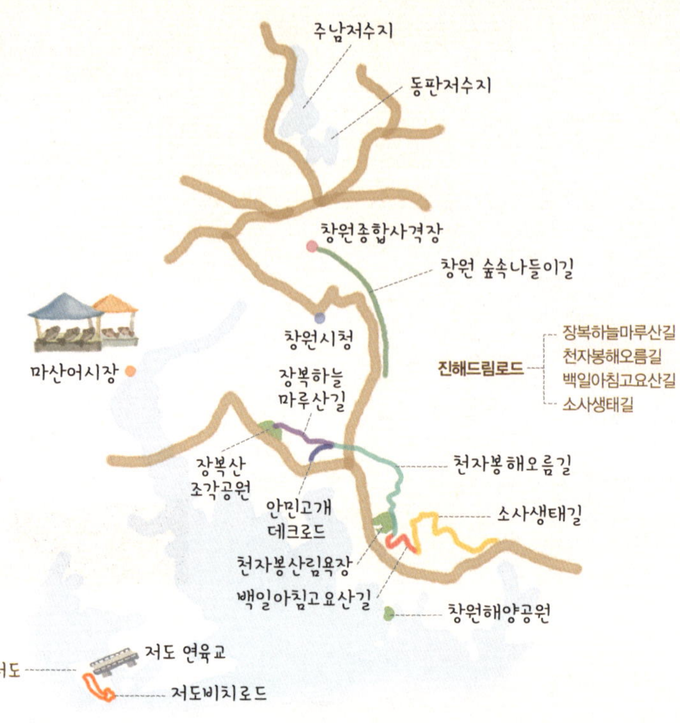

창원에서의 1박 2일

마산까지 가면서 바다 건너편 진해를 둘러보지 않을 수 없다. 창원에는 저도비치로드 외에도 숲속나들이길, 진해드림로드, 안민고개데크로드 등 바다와 해안도시 진해를 내려다보며 걸을 수 있는 좋은 길들이 많다. 장복산을 넘어가는 안민고개는 진해 쪽으로 5.6km 구간에 벚나무가 길 따라 늘어서 있다. 벚꽃이 만발하는 진해군항제 때 찾으면 전국 어디서도 볼 수 없는 환상의 길을 만날 수 있다. 진해드림로드는 창원시민들의 산책로이기도 해 사람들 왕래가 많아 홀로 걸어도 좋다. 가는 내내 진해 앞바다가 따라온다.

창원과 마산, 진해가 합쳐진 창원시는 넓다. 바다 쪽으로 가면 작은 섬을 온통 공원으로 꾸민 창원해양공원이 있고 내륙 쪽으로는 주남저수지가 있다. 생태계의 보고로 꼽히는 주남저수지는 겨울 철새를 보러 많이 찾는데 실은 사계절 아름다운 저수지다. 시내관광은 마산어시장을 추천한다. 2백 년이 훌쩍 넘는 역사를 지닌 마산어시장은 한때 번창하였던 역사의 흔적이 아직 남아 있다. 매년 가을 전어철에 어시장축제(http://fish.yesmasan.com)가 열린다.

진해드림로드

마산관광호텔

마산역 앞에 깔끔한 모텔도 많지만 가족이나 친구와 찾기에는 왠지 꺼림칙한 건 사실이다. 마산어시장 주변으로 마산관광호텔을 비롯해 엠호텔, 아리랑관광호텔 등이 있다. 마산관광호텔은 가격이 저렴하며 항구도시 밤바다를 볼 수 있다는 장점이 있다.

주소 경상남도 창원시 마산합포구 오동동 303 **전화** 055-245-0070

리베라관광호텔

저도비치로드에도 민박이 있지만 되도록 밤은 마산어시장을 즐겨보는 걸로 하자. 마산어시장 가까이 있는 호텔이다. 오동동 아구찜 거리와 가까우며 현대식 시설과 인테리어가 깔끔하다. 예약 사이트 등을 이용하면 실속 있는 가격으로 이용할 수 있다.

주소 경상남도 창원시 마산합포구 신포동 2가 117-34
전화 055-248-5200 **홈페이지** http://rivierahotelms.co.kr

복요리

마산은 항구도시답게 아구찜, 미더덕, 회와 복요리 등이 잘 알려져 있다. 마산어시장 가까이 복집이 몰려 있는 복요리거리가 있다. 아구찜거리에서 이어져 있으니 마산의 음식문화를 둘러볼 겸 천천히 찾아보자.

• 남성식당(3대째 이어온 복요리 전문점)
복 수육 30,000~80,000원, 복국 15,000~20,000원(참복, 졸복, 까치복, 은복 등 복어의 종류에 따라 가격이 달라진다.)
주소 경상남도 창원시 마산합포구 오동동 251-8 **전화** 055-246-1856

아구찜

마산 오동동 아구찜거리를 찾으면 한 집 건너 아구찜이다. 모두가 원조라고 쓰고 방송출연을 했다니 헛갈리기 딱 좋다. 사실 모두 오랫동안 장사를 했으니 원조를 가린다는 것 자체가 무의미하다. 식재료 신선도와 양념맛이 집마다 날에 따라 약간씩 다를 뿐이다.

• 오동동진짜초가집원조아구찜
아구찜(소) 15,000원
주소 경상남도 창원시 마산합포구 오동동 151-5 **전화** 055-246-0427

 마음까지 채워주는 자연의 풍요로움

슬로시티 하동

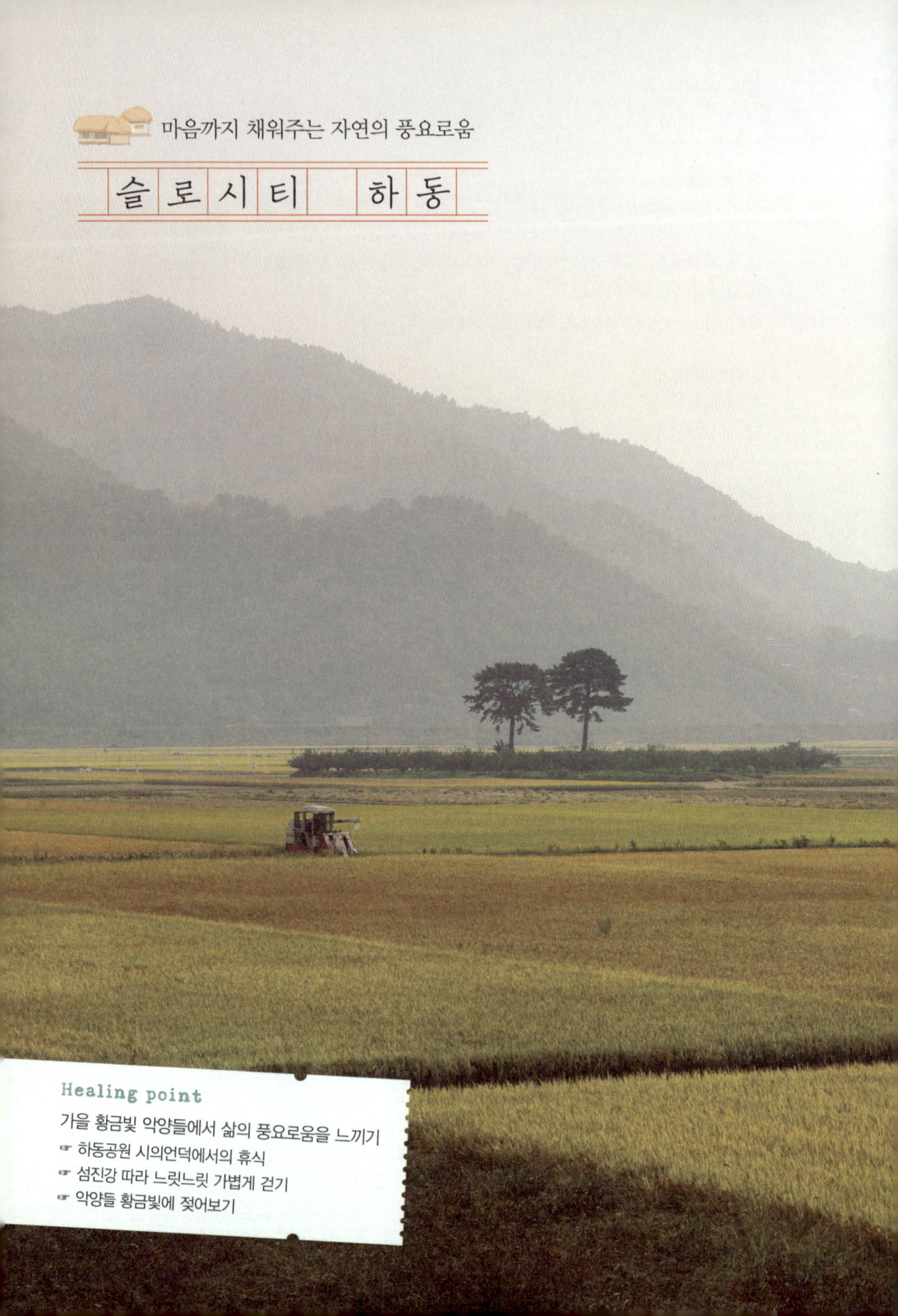

경상남도
하 동 군

하동이 아니라
하동의 가을이다

그대에게 이야기하고 싶은 건 하동이 아니라 하동의 가을이다. 봄날 화사한 벚꽃이 쌍계사 올라가는 길에 가득 피어난다는 십리벚꽃길이 어떠리라는 건 짐작이 간다. 오월 녹차의 계절이 오면 야생차축제로 떠들썩하니 신이 날 것이다. 그래도 언제 하동을 가고 싶으냐고 묻는다면 가을이라고 답할 것이다.

하동에 도착하면 먼저 하동공원 시의 언덕에 오를 것이다. 지리산을 비껴온 섬진강이 바다로 가는 모습이 한눈에 들어온다. 강 모래밭은 하얗고 물은 푸르며 마주한 산 또한 푸르다. 햇빛 환히 내리는 강에 은빛 비늘 무수히 반짝이고 고깃배 몇 척 한가로이 오간다.

뒤를 돌아보면 가느다란 철길을 경계로 하동읍 올망졸망한 건물들이 빽빽하고 반대쪽은 너른 들이다. 하동 사람들이 너뱅이들이라 부르는 들은 가을이면 단단한 황금빛으로 빛난다. 그대가 선 언덕 또한 노랗고 붉은 단풍에 물들어 있을 것이다.

강이 바다를 만날 때
어디까지가 민물이고 어디서부터 짠물일까
서서히 섞여 어느 순간 강이 바다가 되듯
그렇게, 자연스럽게, 한 걸음 한 걸음…

비우기 / 채우기 / 머물기 / 떠나기

푸르른 하늘을 지나는 시간은 강물처럼 느릿느릿 흐른다. 그 언덕이 하동 여행의 시작점이자 끝점이다. 그 자리에만 있다 돌아와도 하동을 다녀온 셈이다. 하동의 나머지 여행은 덤이다. 욕심이다.

그래도 욕심을 부려보자. 가을 강을 만나는 것이다. 가을 강을 대체 무슨 말로 표현할 수 있을까. 아침저녁 찬바람에 소소함이 깊어가는 강. 그 강은 언어의 저편에 존재한다. 가슴으로 느낄 수밖에 없다. 그렇게 가슴으로 가을 섬진강 따라 걷는 길. 길은 3백 년 전 강가에 심은 소나무들이 숲을 이룬 하동송림에서 시작한다. 하동송림공원 앞으로 섬진강 하얀 모래사장이 펼쳐져 있고 외줄기 길이 나 있다. 느릿느릿 강물 따라 걷다가 마음에 드는 풍경이 나오면 그 자리에 앉아 시간을 흘려보내면 된다. 늑장 부려도 두 시간 남짓이면 길 끝에 이른다.

가는 길에 강마을인 재첩마을이 있다. 집 앞에 매인 나룻배가 강물에 출렁이고 담벼락에는 가을걷이들이 널려 있다. 남편은 강으로 나가 고기를 잡고 아내는 텃밭을 가꾸며 살던 시절을 간직하고 있는 마을이다.

하동의 가을을 이야기할 때 빛을 빼놓을 수 없다. 평사리 언덕에서 보는 황금빛 악양들. 바둑판 모양으로 반듯반듯한 들 너머 강이 보인다. 들 한가운데 마주 선 소나무 두 그루가 섬처럼 푸르다. 들 옆 동정호는 소상팔경의 배경이다. '평사낙안 동정추월(平沙落雁 洞庭秋月)' 섬진강 강가에 기러기 날고 동정호에 가을 달이 뜨면 딱 들어맞는다. 풍경 그대로 오리면 색감 진한 유화 한 점이다.

악양들을 지나 소설 〈토지〉의 무대 최참판댁 마을에도 가을빛이 짙어 간다. 담장 너머 감나무에 붉은 감이 달려 있고 사철 푸른 대나무와 황토빛 돌담, 누런 초가지붕과 평상에 널린 붉은 고추, 옥수수와 시래기가 걸린 처마. 사방에 가을이 있다. 마을 입구 깨끗한 카페와 레스토랑에서 커피를 마시며 시골 동네에서 깔끔함을 떨어볼 수도 있어 좋다.

하동 가을 여행은 너뱅이들 황금빛에서 시작하여 쌍계사 붉은 꽃무릇으로 끝난다. 쌍계사의 가을은 하동팔경의 하나다. 푸른 상록수와 붉고 노란 단풍이 어우러질 때면 천년 고찰은 새삼 화려하게 태어난다. 너른 쌍계사 그 어느 곳에 있어도 그대는 가을의 품에 있을 것이다. 아쉽지만 이제 돌아가야 할 시간이다. 쌍계사 샘물에 담긴 짙푸른 가을 하늘 한 모금 마셨으면 됐다. 훌훌 털고 가자. MH

재첩마을을 지나 1km쯤 걸으면 절벽으로 길이 끊어지고 국도를 만난다. 국도를 건너가면 바로 목도마을이다. 입구에서 택시를 부르면 10분 안에 달려온다. 하동읍으로 되돌아오는 데 약 10분 7천 원. 길이 짧으니 다시 되돌아 걸어와도 별 부담이 없다.

하동공원(0km) ⇨ 송림공원(0.6km) ⇨ 하동재첩마을(2km) ⇨ 강변길(1km) ⇨ 목도마을 입구 삼거리(0.6km) ⇨ 목도마을회관 버스정류장(0.7km) ☞ 총 이동거리: 4.9km

비슷한. 그러나. 다른 여행지.

같은 우리 땅인데도 시간의 흐름이 다른 고장들이 있다. 마을 길에 가만 서 있으면
하루가 가는 게 아니라 계절이 서서히 지나가는 걸 느낄 수 있는 슬로시티들이다.
주의! 슬로시티에서 머물다 도시로 돌아오면 숨이 가빠지는 현상이 있을 수 있다.

신안 증도

신안의 갯벌과 염전은 우리나라 사람들보다 세계에서 먼저 주
목한 곳이다. 섬이라지만 연륙교가 놓여 편하게 접근할 수 있다.
다리를 건너는 순간부터 왠지 세상 밖으로 떨어져나온 듯한 곳.
드넓은 염전과 훼손되지 않은 자연 갯벌에서 잡은 짱뚱어탕을
맛보며 다니다 보면 시간이라는 개념조차 사라지고 만다.

주소 전라남도 신안군 증도면 우전리 77
전화 061-261-6200

예산 대흥 의좋은형제마을

수도권에서 가까운 슬로시티다. 낚시꾼들이 많이 찾는 예당지
를 내려다보는 마을에는 의좋은 형제의 이야기가 내려온다.
가을 추수한 벼를 형 동생이 서로 더 주려고 밤새 지게를 지
고 날랐다는 이야기에서 풍요로운 고향의 마음을 느낄 수 있
다. 논밭 길을 거닐며 형제와 이웃을 돌보며 사는 사람들의 삶
을 느껴보자.

주소 충청남도 예산군 대흥면 동서리 316 **전화** 041-333-3999
홈페이지 www.goodbrothers.co.kr

완도 청산도

영화 〈서편제〉 이후 국민관광지가 된 섬. 그만큼 많은 사람들이
찾는 여행지이기도 하다. 청산도를 슬로시티답게 누리는 법은
충분한 시간을 두고 머무르는 것이다. 하루는 걷고 다음 하루
는 온종일 해변에서 시간을 보내며 천천히 섬살이를 느껴보는
것. 그래야 비로소 슬로시티로 다가온다.

주소 전라남도 완도군 청산면 도청리 1143
전화 061-552-0809 **홈페이지** www.cheongsando.net

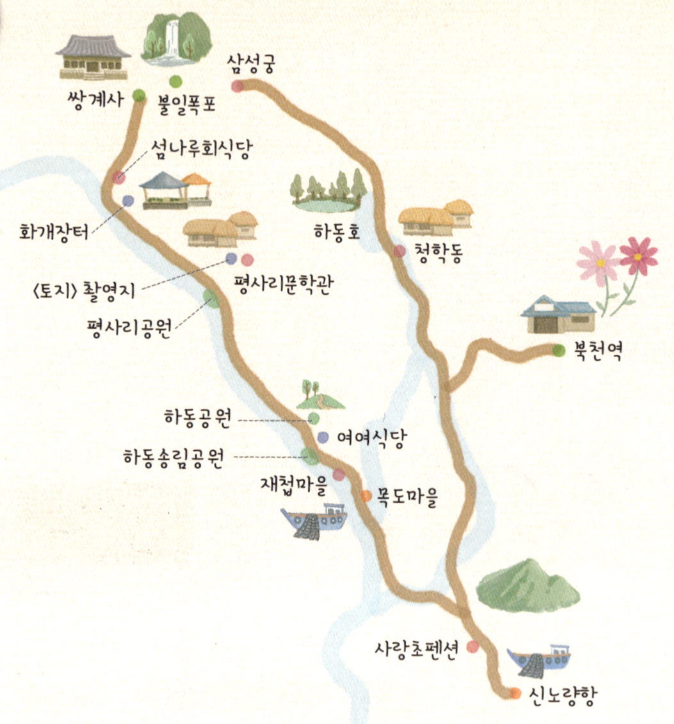

하동에서의 1박 2일

화개장터는 섬진강 거슬러 올라온 해산물과 지리산에서 내려온 임산물이 만나는 곳이다. 지금은 하수오 느릅나무 등 약초 좌판이 주류를 이룬다. 화개장터에서 쌍계사까지 가는 길은 한국의 아름다운 길로 꼽힌다. 쌍계사는 신라 때 지은 천년 고찰이다. 입구에 차시배지가 있다. 계곡을 따라 한 시간 반 정도 올라가면 불일암과 불일폭포가 있다. 60m 기암절벽에서 떨어지는 우렁찬 물소리에 잡념과 온갖 스트레스가 씻은 듯 사라진다.

지리산 속 깊은 마을 청학동 가는 길은 드라이브 코스로도 뛰어나다. 가는 길에 하동호를 빙 둘러 간다. 고조선의 소도를 본 딴 삼성궁은 천손사상을 바탕으로 환인 환웅 단군을 모시는 곳이다. 10만 평 부지에 3천 기가 넘는 솟대돌탑으로 이뤄진 돌의 세상이다.

가을날 코스모스가 한창일 무렵이라면 북천역을 찾아보자. 간이역 느낌의 예쁜 역이다. 코스모스 꽃밭 단지를 조성해 누구나 거닐 수 있다.

+1박 2일 추천 코스
1일차 하동공원 시의 언덕에서 휴식하기–섬진강 따라 걷기–숙박
2일차 최참판댁 마을 둘러보기–화개장터 구경하기–쌍계사에서 불일폭포 다녀오기

청학동

평사리문학관 전통한옥체험관

최참판댁 뒤편에 있는 평사리문학관에서 운영하는 한옥에서 하룻밤은 어떨까. 겉보기에는 한옥이지만 욕실이 딸려 있어 머무는 데 불편함이 없다. 최참판댁 세트장에도 한옥숙박을 할 수 있는데 화장실이 따로 있다는 건 알아두어야 한다.

주소 경상남도 하동군 악양면 평사리
전화 055-882-6669

사랑초펜션

화개동과 지리산 자락에 펜션이 10여 채 있다. 금오산 기슭 사랑초펜션은 여행작가 김태현 씨가 운영하는데 남해 바다를 내려다보는 조망이 뛰어나다. 여행작가로부터 하동 여행에 대한 팁을 알아보는 것도 추천할 만하다.

주소 경상남도 하동군 금남면 대송리 77
전화 011-9527-6689 **홈페이지** www.sarangcho.kr

재첩국

섬진강이 바다와 만나는 하동포구는 재첩국으로 유명하다. 손톱만 한 재첩에서 훑어낸 조갯살들이 콩알같이 보이기도 한다. 술 마신 뒤 재첩국은 속을 풀어주는 효과도 있다.

• **여여식당**
재첩국백반정식(1인분) 8,000원
주소 경상남도 하동구 하동읍 광평리 223-6 **전화** 055-884-0080

민물참게장

섬진강에서 잡은 민물 참게로 담근 참게장 또는 탕으로 끓여낸 참게탕은 하동의 별미로 꼽힌다. 민물참게라 몸집은 크지 않다. 오래 묵은 게장은 좀 짜다. 아무 식당이나 들어갈 게 아니라 손님이 많은지 잘 살펴보고 들어가야 한다. 참게장을 내는 집들이 읍내와 화개장터 부근 식당가에 몰려 있다.

• **섬나루회식당**
참게장정식(1인분) 15,000원
주소 경상남도 하동군 화개면 탑리 726-17 **전화** 055-883-1754

그 바다에 한 생이 흐르더라

고 흥   외 나 로 도   염 포

Healing point
섬 주민처럼 하루를 보내기
☞ 섬 바닷가에서 해초 건지기
☞ 섬 언덕길 걷기
☞ 일몰 담기

전라남도
고흥군

비우기 / 채우기 / 머물기 / 떠나기

바닷가 마을에서 태어나 살다가 떠나는 이들

밤길을 달려 염포로 간다. 비가 내리고 바람이 분다. 그래도 길이 좋아 어려움이 없다. 섬에서 이렇게 반듯반듯 닦인 큰길을 만나기는 드물다. 나로도우주센터 덕분이다. 외나로도 끝자락 후미진 만에 있는 우주센터. 이 외진 곳이 우주로 가는 길목이라니.

염포는 어둠에 묻혀 아무것도 보이지 않았다. 예약을 해둔 민박에 들어가 빗소리를 들으며 잠을 청했다. 염포마을은 길을 따라 상촌, 중촌, 하촌으로 나뉜다. 하촌에 민박이 세 채 있는데 그중 하나다. 눅눅한 방에 온기가 돌 때쯤 잠이 쏟아진다. 빗소리가 지붕 위를 굴러다닌다. 길 건너 밤바다에 내릴 비를 생각한다. 파도와 비와 바다. 내일 아침 비가 그친 바다로 나가리라. 바다에 내리던 비가 내 잠 속으로 끊임없이 흘러들었다.

바다로 튀어나간 고흥반도 끝에 매달린 섬 나로도. 그 섬에 또 매달린 섬 외나로도. 지도로 보면 육지에 달랑달랑 달려 있고 작아 보여도 막상 가서 보면 큰 섬이다. 해안선이 유난히 들쑥날쑥한데 덕분에 어디서도 볼

수 없는 독특한 풍광을 지녔다. 외나로도 끄트머리에 염포가 있다. 옛날에는 어선들이 몰렸던 포구인데 지금은 낚싯배들만 오간다. 한적하다 못해 적막하다. 십 년 전 처음 찾았을 때 그 적막함이 어색했는데 어느 날 문득 그리웠고 그리움은 시간이 갈수록 깊어갔다.

첫사랑을 다시 만나는 건 어떤 느낌일까. 기억 속의 그 사람은 늘 그대로인데 마주한 얼굴에 세월의 흔적이 역력하다면…. 염포항 뒤편 하촌마을 끝에 있는 작은 만을 십 년 만에 찾았더니, 그대로인 듯하면서도 어딘가 모르게 달랐다.

기억 속에 호수 같았던 만은 밀물 탓인지 제법 바다의 모양이 났다. 파도에 씻겨 내려갈 듯 바다 바로 앞에 있던 민박은 언덕 위쪽으로 옮겨갔다. 하얀 나무로 지은 깔끔한 펜션형 민박에 식당도 운영할 준비를 하고 있다. 몇 가구 되지도 않는 마을이니 외지 사람을 생각하고 식당을 냈을 텐데. 대체 누가 올까? 궁금했다.

언덕 등성이마다 가꿨던 밭들도 대부분 사라졌다. 나이든 분들만 남아 있으니 누가 고기를 잡고 양식을 하고 밭을 가꿀 것인가. 가만 돌아보니 누가 땅끝이라고 하나…
바다와 가장 가까운
땅의 시작이다.

마을 집들이 새로이 단장한 듯 말끔하다. 허물어져가는 폐가도 많이 걷어 낸 듯 몇 채 안 보인다. 그때는 대부분 허름했던 집들이었는데. 민박과 펜션이 몇 채 눈에 뜨인다. 세월을 탔다 해도 첫사랑은 여전히 아련하다. 염포 바닷가를 돌아보는 발길이 점점 느려진다. 가만 멈춰서 파도를 바라보는 시간이 길어진다.

작은 만으로 다시 내려갔다. 바다 끝 절벽 너머로 작은 섬이 보인다. 꼭두여라 부르는 섬이다. 그 섬 너머 멀리 또 섬이 보인다. 저 섬은 뭐라 부르나. 거문도 옆 광도란다. 섬이 섬을 부르는 바다. 다도해가 아닌가.

오랜 그리움 끝의 해후에 만족감이 차오른다. 시간이 흘렀는데 그대로 이기를 바라는 것 또한 욕심이다. 십여 년 나는 얼마나 많이 바뀌었는가. 나는 백 년만큼 바뀌었는데 고작 일 년만큼 바뀐 걸 아쉬워한다면 그건 예의가 아니다.

마음만 먹으면 이렇듯 쉽게 다녀올 수 있는데. 그런데⋯ 다시 돌아와 생각하니 그리움은 여전하다. 길을 나서면 갈 수 있는데 대체 언제 다시 찾을지 기약도 없다. 그런 여행지가 있다. 시간이 갈수록 그리움이 쌓이는. 이제 당신이 가볼 차례다. MH

한적함에 익숙한 사람이라면 외나로도 염포를 찾아도 좋다. 낚시를 하지 않는 한 앉아서 바다 보는 것 외에는 할 게 없다. 나이 드신 분이 왔다 갔다 하며 열었다 닫았다 하는 작은 가게와 민박 몇 채뿐이다. 야영장이 있지만 편의시설이 많이 부족하니 철저하게 챙겨야 한다.

주소 전라남도 고흥군 봉래면 외초리

비슷한. 그러나. 다른 여행지.

한적한 해변을 찾다가 막상 휴가철이 되면 유명한 해변으로 가는 심리는
뭔지 모르겠다. 너무 외진 해변은 안전이나 편의시설이 부족하다.
휴가철 한 주만 피하면 적당히 한적하고 안전한 해변 세 곳을 꼽아본다.

무안 조금나루

조금나루 해변은 가는 길 양쪽으로 바다를 볼 수 있는 특이한
지형에 있다. 바다 쪽으로 땅이 길쭉한 가지 모양으로 뻗었다
고나 할까. 걸어서 10분이면 왔다 갔다 하는 작은 해변이다. 물
이 빠지면 건너편 육지까지 걸어갈 수 있을 것처럼 바다도 얕
다. 해수욕장이라기보다는 해변 물놀이를 하고 해송숲 그늘에
서 낮잠 자기 딱 알맞은 곳이다.

주소 전라남도 무안군 망운면 송현리

울진 오산해변

울진 망양정에서 남쪽 오산리까지 가는 길은 바닷가를 따라 가
는 해안 드라이브 코스다. 망망대해와 절벽 사이를 달리는 길
도 좋은데 군데군데 마을마다 작은 해변을 끼고 있어 발길이
절로 멈춰진다. 몇 걸음 걸으면 끝날 것만 같은 작은 해변은 알
려지지 않은 덕에 깨끗한 느낌을 고스란히 간직하고 있다.

주소 경상북도 울진군 원남면 오산리

태안 구름포

만리포 천리포는 알아도 백리포 십리포는 잘 모른다. 일리포
가 있다면 잘 안 믿는데 옛날에는 그렇게도 불렀다. 이름을 바
꿔서 이제 구름포라 한다. 백리포까지는 뒤편으로 식당이며 펜
션이 있는데 일리포는 마을에서 좀 들어가는 한적한 해변이다.
송림이 우거져 캠핑하기에 딱 알맞다.

주소 충청남도 태안군 소원면 의항리

고흥에서의 1박 2일

널리 알려지지 않았을 뿐이지 고흥만큼 아름다운 고장도 없다. 고흥반도와 소록도와 거금도, 나로도, 외나로도는 오밀조밀 작은 만을 수없이 품고 있다. 그만큼 풍광이 뛰어나다. 포두면 앞바다 굴 양식장과 다도해는 사진에 담는 대로 그림이다.

가장 잘 알려진 여행지는 고흥 녹동항에서 배를 타고 건너가는 소록도다. 일제강점기 때부터 한센병 환자들을 강제 수용했던 섬으로, 곳곳에 배어 있는 환자들의 아픔을 느껴볼 수 있다.

팔영산8봉, 금탑사 비자나무숲, 남열리일출 등 절경과 발포해수욕장, 덕흥해수욕장 등 깨끗하고 한적한 해수욕장들도 곳곳에 있다. 자연 생태계를 그대로 간직한 발포해변은 가족호텔이 있어 숙박하기도 편리하다.

염포 반대편이 나로도우주센터다. 염포에서 자동차로 15분 거리인데 우주과학관과 공원, 작은 몽돌해변이 있다. 작은 포구가 아늑하니 꼭 둘러보자. 녹동항 부근에도 천문관측을 할 수 있는 우주천문과학관이 있다. 한적한 곳을 찾아 휴식을 하고 싶다면 고흥이 답이다.

나로도우주센터 몽돌해변

정다운민박

염포 하촌에 있는 민박이다. 원래 작은 만 몽돌해변 바로 위에 있었는데 언덕 위로 이사를 가며 새하얗고 깔끔한 목조주택으로 단장했다. 아래층은 식당이고 이층이 살림집. 건물 양 옆으로 손님을 받는 단층 객실이 있다. 낚시꾼들을 위한 민박이라 편의시설 등은 좀 부족하다.

주소 전라남도 고흥군 봉래면 외초리 73-6
전화 061-833-6827

은빛바다펜션

염포항과 앞바다를 내려다보는 언덕에 있어 전망이 뛰어난 펜션이다. 이외에도 고흥군 도화면 발포해수욕장 앞에 있는 빅토리아호텔(061-831-0100, www.victoriahotel.co.kr)에서 묵고 외나로도 염포를 찾을 수도 있다. 자동차로 30분이면 충분히 도착한다.

주소 전라남도 고흥군 봉래면 외초리 1262 **전화** 061-832-6364

장어탕

반도와 섬으로 이뤄진 지방이니만큼 해산물이 풍성하다. 육지에서는 민물장어를 좋아하는데 남쪽 바닷가에서는 바다장어를 끓인 장어탕도 많이 먹는다. 염포는 식당이 많지 않다. 정다운민박 식당에서 장어탕과 닭백숙을 비롯해 계절음식으로 요즘 인기 있는 장어(하모)샤브샤브 등을 내놓는다. 다양한 메뉴를 원하면 자동차로 15분 거리 나로우주센터를 찾아보자. 우주센터홍보관 건물에 스낵바가 있고 옆으로 식당이 몇 집 있다.

한정식

남도 한정식은 풍성하기로 유명하다. 인원이 4명 이상이면 참장어, 낙지, 서대회 등 고흥 9미를 내놓는 고흥읍 백상회관 한정식을 찾아보자. 혼자라면 역시 고흥읍 군청 부근의 백반집을 추천한다. 어느 집이든 가격 대비 풍성한 백반을 만날 수 있다.

• **백상회관**
점심메뉴 60,000원~, 저녁메뉴 80,000원~
주소 전라남도 고흥군 고흥읍 남계리 928
전화 061-835-8788

Healing point
편백숲에서 바람 목욕하기
☞ 소금욕 체험하기
☞ 편백 숲길 산책하기
☞ 숲 한가운데서 낮잠 자기

숲을 스치는 바람에 몸을 씻다
장 흥 편 백 숲
우 드 랜 드
전라남도
장 흥 군

걷는 것만으로도
가벼워진다

　　장흥 억불산 남쪽 기슭에 편백숲이 울창하다. 장흥에서 태어난 손석연 선생이 1958년 황무지였던 산기슭에 편백과 삼나무, 소나무 등 47만여 그루의 나무를 심어 가꿨다. 50여 년의 세월이 흘러 선생은 억불산에 잠들었지만 나무들은 큰 숲을 이뤘다. 장흥군은 이 숲을 잘 다듬어 여행자들을 불러 모을 생각을 했다.

　　장흥 편백숲 우드랜드. 자연휴양림과는 느낌이 다르다. 말 그대로 치유의 숲에 들어선 듯 마음이 편안하다. 숲에 한 사람 다닐 만한 작은 길을 이리저리 내고 숲속의 집도 지었다. 집들은 한옥과 목조주택, 황토흙집 등 다양한데 어느 곳이나 하루 머물면 몸과 마음이 가뿐할 듯하다. 공터는 분수나 연못, 정원으로 가꾸고 쉼터도 만들었다. 소금욕을 할 수 있는 시설과 편백나무 목공예를 체험할 수 있는 시설도 운영한다.

　　숲길은 편백나무 톱밥을 깔아 푹신푹신하다. 나무와 나무 사이로 난 길은 치유의 길이다. 왠지 발걸음을 멈출 수가 없다. 다니는 것만으로도 마

음이 청정해진다는 것은 놀라운 일이다. 숲길을 오르며 무거웠던 몸은 가벼워지고 갈피를 모르던 마음은 가라앉기 시작한다. 나 또한 자연의 일부임을 절로 받아들이지 않을 수 없다.

편백숲을 돌아다니다 비비에코토피아란 표지판을 만났다. 풍림욕을 하는 곳이다. 웰빙이라는 단어와 함께 삼림욕이 각광을 받은 지 이미 꽤 오래다. 그런데 풍림욕이라니, 그게 뭘까? 숲에서 알몸으로 바람을 만난다는 것이다. 알몸으로 밖을 나가본 적이 있었나?

알몸으로 자연을 만난다는 것. 대기와 자연 앞에 순수한 모습으로 나선다는 것은 체험한 사람만이 알 수 있는 특권 같은 것이 아닐까. 민망하다 여길 수 있을 텐데 노천탕을 생각해보면 고개가 끄덕여진다. 한 꺼풀 걸친 것과 벗은 것의 차이일 뿐인데 노천탕에서 얻는 자유로움과 해방감은 무척 크다.

풍림욕을 하는 곳은 대나무발로 둘렀기에 밖에서는 보이지 않는다. 종이옷으로 갈아입고 숲 곳곳에 있는 벤치나 짚풀로 엮은 움막 같은 곳에 들어가 그마저 벗어버리면 알몸이다. 그 다음은 숲과 나무와 바람과 풀들이 알아서 몸을 씻어준다. 치유의 힘은 자연과 순수한 모습으로 합일하며 얻는 마음의 해방감에서 오는 것일지 모른다.

피톤치드는 식물이 병충해나 곰팡이 등에 대항해 내뿜는 물질이다. 살균작용을 하는데 사람이 마시면 폐와 장의 기능이 좋아지고 스트레스가 풀린다. 자연과 더불어 사는 사람들 특히 숲속에서 사는 사람들의 얼굴이 맑고 편안해 보이는 데는 다 이유가 있다.

숲과 내가 허물없이 만날 때
편백나무 나뭇잎들 품었던 바람
내 눈을 씻고 마음을 씻고
나뭇잎으로 돌아가더라.

편백숲 우드랜드에서 억불산 꼭대기까지 올라가는 길이 있다. 명품테마길이란 표지판이 눈에 띈다. 해발 518미터의 억불산은 천관산과 함께 장흥의 명산으로 손꼽는 산이다. 곳곳에 선 바위들이 불상을 닮았는데 그 수를 헤아릴 수 없어 억이라는 큰 단위를 붙였다.

꼭대기에 우뚝 선 바위 역시 심상치 않은 기운을 담고 있다. 정상에 서면 남도 장흥이 한눈에 내려다보인다. 해발은 높지 않으나 바닷가 평지에 우뚝 선 산이라 운해를 즐길 수 있는 남녘 몇 안 되는 산 중 하나다. 쉬엄쉬엄 올라 이만한 경치를 만날 수 있다는 것은 행운이다.

편백숲 우드랜드는 머무는 곳이다. 하루 여행지로 삼고 지나는 일정이라면 차라리 가지 않느니만 못하다. 삼사일 최소한 이틀은 머물러야 한다. 그래야 숲이 지닌 치유의 힘을 얻을 수 있다. 숲에 있는 것만으로도 덕지덕지 붙은 몸과 마음의 때가 우수수 떨어져 나간다. 그건 말로 표현하기 힘든 현상이다. 다만 한 가지, 우리가 자연으로부터 왔으며 자연에서 살아야 하는 게 순리라는 것. 당연한 사실을 다시금 깨닫는다. MH

편백숲 우드랜드 숙소를 이용하려면 원하는 날로부터 61일 전 밤 10시에 홈페이지를 지키고 있다가 재빨리 예약해야 한다. 마우스 클릭 속도가 느리면 불리하다. 관람은 오전 8시부터 오후 6시까지 연중 내내 가능하다. 우드랜드 안에 식당도 있으며 캠핑장도 운영한다. 입구에 편백나무를 이용한 각종 목공예작업실 및 상품전시관이 있다.

주소 전라남도 장흥군 장흥읍 우산리 산20-1
전화 061-864-0063 **홈페이지** www.jhwoodland.co.kr

<h1 align="center">비슷한. 그러나. 다른 여행지.</h1>

역설적으로 들리겠지만 숲이 아름다울 수 있는 건 사람의 손이 닿았기 때문이다.
자연 그대로인 원시의 숲을 대하면 아름다움 이전에 두려움이 든다.
편한 마음으로 삼림욕을 할 수 있는 숲 세 곳이다.

장성 축령산자연휴양림

축령산자연휴양림은 편백나무와 삼나무가 무성하다. 춘원 임
종국 선생이 축령산 기슭에 270만 그루가 넘는 나무를 심고 가
꾸었는데 수십 년이 흘러 이제는 원래 그랬던 듯 울창한 숲을
이뤘다. 쭉쭉 뻗은 숲을 지나는 탐방로 끝에는 옛 마을의 정취
가 물씬 나는 오지마을이 있다. 휴양림 입구에 민박촌과 관광
농원이 있어 하루 머물며 숲길을 즐길 수 있다.

주소 전라남도 장성군 서삼면 모암리 산98 **전화** 061-390-7770

울진 소광리금강송군락지

불영사계곡을 따라 오르고 오르면 울진군 서면 소광리가 나온
다. 우리나라 토종 소나무라는 금강송이 8만여 그루가 모여 사
는 숲이다. 수령 200~300년 된 나무들이 산을 온통 뒤덮으며
장관을 이룬다. 생태탐방 코스를 운영하는데 보호 차원에서 제
한이 있으므로 미리 알아보고 신청해야 한다.

주소 경상북도 울진군 서면 소광리 **전화** 054-789-6811

홍천 수타사계곡

공작산 수타사는 신라시대 창건한 고찰이다. 임진왜란으로 폐
허가 된 사찰은 조선 중기부터 수차례 중창불사를 거쳐 지금
에 이르렀는데 고색이 완연하다. 수타사 주변으로 생태공원을
꾸미고 계곡 따라 트레킹 코스를 단장했다. 수타사계곡은 물이
많다. 시원한 물소리를 들으며 우거진 숲을 다녀오는 길은 대
략 두 시간 정도 걸린다.

주소 강원도 홍천군 동면 덕치리 산9 **전화** 033-433-6611

장흥에서의 1박 2일

장흥 여행의 테마는 물이다. 매년 여름 휴가철 물문화관과 물과학관을 중심으로 물의 귀중함과 환경에 대한 의미를 환기시키는 물 축제를 연다. 여름철 신리 개매기축제도 바닷물에서 맨손으로 고기를 잡는 이색체험을 할 수 있는 행사다.

장흥은 널리 알려진 이름난 여행지가 없는 대신 이처럼 봄 여름 가을 계절 소소한 즐거움을 전하는 축제나 행사를 연이어 개최한다. 마땅히 갈 만한 곳을 정하지 못했을 때, 호젓하게 여행을 즐기고 싶을 때 '장흥여행'(http://travel.jangheung.go.kr)를 뒤적여보자. 천관산과 국화축제와 천관산억새제 등은 전국적인 명성은 없지만 인근 지역에서는 한 번쯤 가봐야 할 명소로 손꼽는다. 이청준, 한승원 등 수많은 문인을 배출한 고장이라는 자부심이 담긴 천관산문학공원 역시 문학에 관심을 가진 문학도라면 들러야 할 곳이다.

편백숲 우드랜드에서 하루를 묵는데 마침 날이 맑다면 정남진천문과학관을 찾아보자. 편백숲 우드랜드에서 자동차로 10분이면 산 아래 작은 공터와 같은 천문과학관 주차장에 닿을 수 있다.

정남진천문과학관

편백숲 우드랜드

편백숲 우드랜드에 있는 숙박시설은 18채에 이른다. 옛 한옥과 초가집, 통나무집 등 형태와 크기가 다양하다. 주말 예약 경쟁이 치열한데, 홈페이지를 찾으면 예약 현황을 한눈에 알 수 있다. 원하는 날짜에 예약이 어려울 경우 역시 같은 홈페이지에 있는 행복마을한옥민박을 검색해서 숙소를 찾자. 편백숲 우드랜드 인근의 민박들이다.

주소 전라남도 장흥군 장흥읍 우산리 산 20–1　**전화** 061–864–0063　**홈페이지** www.jhwoodland.co.kr

수문리조트

장흥 바다를 내려다보는 리조트다. 대형 리조트에 비하면 규모가 크다고 할 수는 없지만 어지간한 펜션보다 시설이 깔끔하고 잘 되어 있다. 바로 앞이 바다인데다 툭 튀어나간 지형 덕분에 해돋이를 볼 수 있다. 장흥과 보성의 경계에 있고 맞은편이 고흥반도다. 다도해의 풍광과 남녘 바다의 정취를 느낄 수 있는 곳이다.

주소 전라남도 장흥군 안양면 수문리 102–13
전화 061–862–7000　**홈페이지** www.soomoonresort.com

키조개와 바지락회

장흥에서 만나는 바지락회는 맛이 풍부하다. 남도의 푸짐한 양념 맛이 더해지기 때문이다. 장흥 키조개마을의 식당들은 대부분 키조개샤브샤브와 바지락회무침을 취급한다. 바다를 보면서 즐기는 특별한 맛 때문에 멀리 광주에서도 찾아오는 손님들이 종종 있다.

• **바다하우스**

주소 전라남도 장흥군 안양면 수문리 150–1
전화 061–862–1021　**홈페이지** www.061–862–1021.kti114.net

장흥삼합

장흥은 키조개 산지로 유명하다. 한우와 키조개와 표고버섯이 올라오는 식단을 장흥삼합이라 한다. 정남진토요시장을 찾아 정육점마다 파는 한우를 산 다음 가까운 식당에 가서 키조개회와 표고버섯을 시켜 먹으면 된다. 예능 프로그램에 소개된 이후 사람들이 많이 찾는데 역시 된장찌개와 밑반찬 조리 솜씨가 맛집을 좌우한다.

• **명희네식당**

장흥삼합(1인분) 13,000원
주소 전라남도 장흥군 장흥읍 예양리 158–1　**전화** 061–862–3369

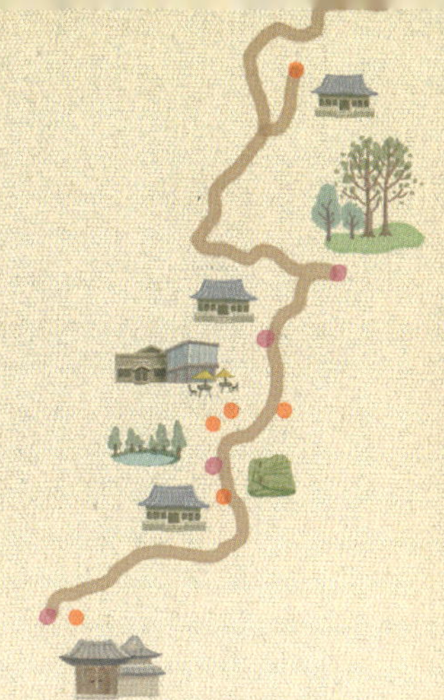

오감과 감성으로 채우는 시간

채우기

Healing point

자연과 로맨틱한 공간이 어울린
헤이리와 프로방스에서 사랑 채우기

☞ 한 번쯤 교외에서 데이트 즐기기

☞ 헤이리 걸으며 대화하기

사랑으로 충분하다
파주 헤이리 &
프로방스
경기도
파주시

사랑,
이보다 더한 힐링이 있을까?

사랑에도 에너지 충전이 필요하다. '영화 보고 밥 먹고…'를 일주일에 한 번 있는 종교행사처럼 치르고 있다면 이쯤에서 서로에게 성실해온 연인에게 상을 주자. 무엇을 할까 무엇을 먹을까 고민하면서 데이트를 성의 있게 준비하다 보면, 소풍가기 전날 아이마냥 잠자리를 설칠 수도 있겠다. 그것이 연인을 향한 두근거림인지 여행이 주는 기대감인지는 중요하지 않다. 그런 마음이 들었으니 얼마나 반가운가?

그런 면에서 헤이리 예술마을과 프로방스는 '로맨틱'이라는 말이 딱 어울리는 곳이다. 1998년부터 생겨나기 시작했다는 헤이리 마을은 15만 평의 넓은 대지에 미술인, 음악가, 작가, 건축가 등 380여 명의 예술인들이 모여 살고 있다. 그들의 예술적 취향에 따라 공방, 갤러리, 음악 감상실, 스튜디오, 공연장 등의 건축미를 자랑하는 볼거리가 산재해 있고, 로스터리 카페, 베이커리, 이탈리아 레스토랑, 우리농산물 한식 등 미각을 자극하는 먹을거리도 다양하다. 주로 개인의 소장품으로 이루어진 박물관도

'성'이라는 밑개는 시간이 있다.
함께한 경험, 공감했던 이야기, 좋았던 추억…
한순간의 눈빛으로 시작된 마음이라도
채워가는 시간의 질량으로 사랑의 가치는 결정된다.

비우기 / **채우기** / 머물기 / 떠나기

소소한 볼거리를 제공한다. 뿐만 아니라 숙박이나 어린이 체험 공간, 쇼핑 장소 등이 있어 가족 나들이나 MT를 위한 장소로도 손색이 없다.

헤이리 마을에는 딱 떨어지는 길이 없다. 평지부터 언덕까지 둥글게 둥글게 연결되었고, 박물관과 어린이를 위한 공간으로 바글거리다가 갑자기 외딴 시골길로 뚝 떨어지는 기분이 들기도 한다. 그러니 길을 잃어버려도 좋다. 언덕 위의 집은 어떤 예술가의 공방이고, 무심히 열려 있는 공간에서는 주인 없는 작품 전시가 펼쳐지기도 한다.

진공관 앰프에서 나오는 선율에 취해 하루 종일을 앉아 있어도 좋고, 영화전시관에서 어렸을 적 심취했던 애니메이션 이야기를 해도 좋다. 아프리카 전시관에 가서는 떠나고 싶은 곳에 대한 꿈을 나눌 수도 있고, 못난이 붕어빵을 나눠 먹고, 사진 찍는 공방에 가서 벽에 등을 곧추 세우고 기념사진 한 장을 남겨도 행복하겠다.

길 건너에 있는 프로방스는 판타스틱하고 아기자기한 재미가 있다. 1996년에 프로방스 풍 그릇을 파는 조그만 이탈리아 레스토랑으로 시작되었던 프로방스는 이제 파주를 대표하는 복합 쇼핑문화 공간이 되었다. 여성들에겐 인테리어 숍과 허브정원이 인기가 높고 곳곳에 열린 공방이나 패션숍도 볼 만하여 일부러 사진을 찍으러 오는 사람들도 많다.

모든 여자에겐 소녀가 있다. 그리고 '여심'은 확인받을 때 행복하다. 그러니까 사랑의 표현이 별거 아니다. 이런 스머프 마을 같은 곳에서 손 한 번 잡아주는 것, '온실에 가득한 어떤 꽃보다도 네가 더 예쁘다.'고 말해주는 것, 허브 인테리어 숍에서 넋을 놓고 있는 연인을 인내심 있게 기다려

주는 것…. 상대가 기뻐한다면 이 행복이란 것은 전염성이 강하니 분명 서로에게 좋은 추억이 될 것이다.

사랑하고 있는 사람들은 자신의 모습을 알지 못한다. 의심할 것도 없이 당신들은 생애 최고의 아름다운 그림 속에 있다. 이것은 분명 보물이 될 것이다. 한 번씩 꺼내 보며 마음을 데우는 소중한 신물(神物)이 되어 딱딱해지거나 차가워질 때 당신을 도울 것이다. 사랑의 묘약은 이렇게 만들어 가는 것이다. SJ

헤이리 예술 마을
주소 경기도 파주시 탄현면 헤이리 마을길
전화 070-7704-1665(헤이리 종합안내소)
홈페이지 www.heyri.net

프로방스
주소 경기도 파주시 탄현면 성동리 82-1
전화 1644-8088
홈페이지 http://provence.co.kr

비슷한. 그러나. 다른 여행지.

데이트 코스로 고민하는 연인을 위한 여행지다. 조용히 이야기하고 싶다면
공지천 이디오피아집을, 로맨틱한 꽃길에서 사진을 찍고 싶다면 허브나라를,
고즈넉한 분위기에서 여유로운 산책을 원한다면 죽녹원을 추천한다.

춘천 공지천 이디오피아집

춘천 가는 기차와 연인은 공식처럼 등장하는 데이트 코스다.
공지천 이디오피아집은 1968년부터 커피를 볶았다는 부모님의
과업을 받들어 지금은 따님 내외가 운영하고 있는 곳이다. 커
피 한 잔 마시는 사이 어둠이 내리면 공지천의 낭만적인 야경
이 펼쳐진다.

주소 춘천시 이디오피아길 7 **전화** 033-252-6972
홈페이지 http://blog.naver.com/ethiopiacafe

봉평 흥정계곡 허브나라농원

허브나라 농원은 연인들을 위한 종합선물세트다. 9가지 테마
로 엮인 허브가든, 허브와 향기의 역사를 한눈에 볼 수 있는 허
브박물관, 터키갤러리, 만화갤러리 등 볼거리가 풍부하고, 레스
토랑, 카페테리아, 베이커리 등의 허브를 테마로 한 맛집과 체
험교실이나 별빛무대 등 때마다 즐거운 이벤트가 펼쳐진다.

주소 강원도 평창군 봉평면 흥정계곡길 291-42
전화 033-335-2902 **홈페이지** http://herbnara.com

담양 죽녹원

시원한 대나무숲에 8개의 산책로가 연인을 부르는 곳이다. 약
315만㎡의 울창한 대나무숲에 총 4.2km의 길이 테마별로 구성
되어 있고, 뒤쪽으로는 죽향문화체험마을이 있다. 컨디션에 따
라 걷고 싶은 구간을 산책하되 연인이 왔으니 '사랑이 변치 않는
길' 정도는 걸어보자. 대숲 사이로 부는 바람을 따라 음이온과
맑은 산소가 터져 나오니 기분 좋은 데이트를 하기에 딱 좋다.

주소 전라남도 담양군 담양읍 향교리 282
전화 061-380-2680 **홈페이지** http://juknokwon.go.kr

파주에서의 1박 2일

경기도 북부 파주 지역은 여러 의미에서 최고의 여행지다. 1박 2일 코스로 여행할 경우 하루는 헤이리 예술마을, 프로방스 등 아름다운 공원 산책을 즐기고, 나머지 하루는 통일, 안보 관광을 해보는 것도 좋겠다.

첫째 날 헤이리 마을, 프로방스 여행 중 빠트리지 말아야 할 것은 임진강 서쪽의 낙조다. 파주 지역은 낙조가 아름답기로 유명하니 해 지기 전후의 한 시간 정도 해넘이 감상을 추천한다.

둘째 날은 임진각으로 간다. 이곳에서 DMZ 관광에 참여해보자. 이 지역은 평소에 개인이 들어가기 힘든 군사 지역으로 단체 관광을 통해서만 가능하다. 셔틀버스를 타고 도라산역–제3땅굴–도라전망대 등을 둘러보게 되는데 약 두 시간 반 정도의 시간이 소요된다. 관광 후에는 임진각 바람의 언덕에서 산책해도 좋고, 혹시 DMZ 관광을 놓쳤다면 오두산 통일전망대에 가서 북쪽 땅을 볼 수도 있다.

✚ **DMZ 투어** http://peace.ggtour.or.kr | 031–956–8300

파주 일몰

헤이리에는 갤러리&게스트하우스 또는 카페&게스트하우스 등의 복합공간이 많이 있다. 독특한 건축미와 예술적인 기운을 받으며 하룻밤 묵는다면 색다른 경험이 될 것이다.

갤로리 소소(갤러리, 게스트하우스)

전화 031-949-8154 **홈페이지** www.gallerysoso.com

모티브원(워크숍, 게스트하우스)

전화 031-949-0901 **홈페이지** www.motif1.co.kr

UV 하우스

(카페, 갤러리, 소극장, 워크숍, 레스토랑, 게스트하우스)

전화 010-2753-0255 **홈페이지** http://uvhouse.co.kr

취림헌

(오픈 작가공방, 상설전시, 워크숍, 게스트하우스)

전화 031-946-5447 **홈페이지** www.chweerim.com

커피
헤이리에는 원두를 직접 볶아 정성스럽게 내려주는 로스터리 카페와 개성 있는 카페가 많다.

• **커피공장 103**
에스프레소 3,000~4,500원, 드립커피 4,500~9,000원, 와플 7,000원
주소 경기도 파주시 탄현면 법흥리 1652-69 **전화** 031-948-0103

식육식당과 갈비탕
파주에 한우마을이 있을 정도로, 이 지역에는 소비자가 고기를 직접 골라 구워 먹는 식육식당이 많다. 그중 목장과 연계해 상등품의 맛좋은 한우와 갈비탕을 맛볼 수 있는 곳들이 있다.

• **골프채갈비탕**
골프채갈비탕 9,000원, 한우불고기 10,000원, 안심스테이크 23,000원
주소 경기도 파주시 탄현면 법흥리 1671 **전화** 1544-9408

막국수
유명한 막국수집이 두 군데 있다. 한 곳은 강원도식이고, 다른 한 곳은 만화 〈식객〉에 소개된 바 있는 전통의 막국수집이다.

• **지향막국수**
강원도식 막국수 6,000원, 비빔밥 5,000원, 감자전 8,000원
주소 경기도 파주시 탄현면 성동리 **전화** 031-944-0555

• **오두산막국수**
막국수 6,000원
주소 경기도 파주시 탄현면 성동리 674 통일프라자 101호(통일동산점)
전화 031-941-5237 **홈페이지** www.odusan.co.kr

Healing point
양조장을 둘러보며 느림과 발효의 미학 생각해보기
☞ 술독 사이로 산책하기
☞ 발효와 변화에 대해 생각해보기
☞ 정성에 감사하며 음미하기

나는 발효 중인가?
포 천   산 사 원
경기도
포천시

우리 모두는 자신을 주조하며
조금씩 진화해간다

몸체만 한 술독이 사열한 회랑을 지난다. 살짝 바람이 불자 술 향기가 든다. 잠깐이나마 장식용 빈 독이 아닐까 생각했던 경솔함이 부끄러워진다. 무엇이라 내보여주지 않아도 자신의 든 것을 말하고 있는 술독… 스스로 드러내는 존재감에 대해 생각하게 된다.

산사원은 크게 산사정원과 술박물관으로 구성되어 있다. 술박물관에서는 주기, 고서, 각종 술 관련 자료 등 천여 점의 소중한 유물을 관람할 수 있고, 전통주 조주과정을 한눈에 볼 수 있다. 이 박물관은 특이하게 2층에서 입장하여 1층으로 나오는 구조인데, 2층 자료 관람에 이어 1층으로 내려오면 술 시음장이 마련되어 있다. 시중의 병술로는 만날 수 없는 생주를 주종별로 마음껏 음미하고, 술지게미로 만든 과자나 약과 등을 맛보는 사이, 취기가 오를지도 모르겠다. 이때 바깥으로 나와 산사정원을 산책하면 컨디션 조절에 딱이다.

그냥 놓아둔 것처럼 보이지만, 살피고 돌아보기만 하는 것이
얼만큼의 인내와 정성을 필요로 하는지는 해본 사람만 안다.
주조는 마음 가다듬기로 시작한다.

산사정원의 하이라이트는 세월랑이다. 전통 증류주가 익어가는 5백여 개 항아리 사이를 거닐다 보면 평소에 생각하지 않았던 상념인지 잡념인지 모를 것들이 발걸음을 따라온다. 방치된 듯 보이는 술독들. 언젠가 텔레비전에서 가양주 장인의 이야기를 들었다. 술을 만들 때는 술독 옆에서 선잠을 잤다고. 무슨 할 일이 있다고 그런 미련을 떨었을까? 그렇지만 해본 사람들은 안다. 그냥 놓아둔 것처럼 보이지만 그것에 어떤 참견도 하지 않고 살피고 돌아보기만 하는 것이 얼마큼의 인내와 정성을 필요로 하는지.

삶에 있어 에너지는 균등분배를 요구하지 않는다. 총력을 기울여야 할 때와 기다려야 할 때가 있다. 가끔은 이런 요구를 제대로 파악하지 못해 달려야 할 때 달리지 못하고 기다려야 할 때 서두른다. 그래서 마음은 자꾸 조급해지고 하지 않아야 할 쓸데없는 짓에 골몰할 때도 있다. 그래서 때를 파악하는 것이 중요하다. 지금의 때는 무엇인지… 사열한 술독을 보며 잠시 생각에 잠긴다. 처음에 장식용 술독처럼 보였던 이들이 이제는 진중한 선생님으로 다가온다.

술이 발효의 과정을 거쳐 독해지듯, 사람도 발효하며 진화한다. 그냥 변하는 것과는 다른 가치다. 발효에는 발효제가 필요하고 정성과 인내가 따른다. 버리는 시간과는 구별되는 기다림의 시간. 지금 우리는 발효하고 있는 것일까? 방치가 아닌 주조의 과정을 거치고 있는 것일까?

이제 음미의 시간이다. 술은 그 맛과 향으로 지나온 날을 설명하고 있다. 자신이 무엇으로부터 왔는지, 어떤 과정을 거쳤는지, 어떻게 취급받았는지, 혀끝에 닿는 것만으로도 '내가 무엇이다.' 말하고 있다. 시큼 쌉쌀

한 향 사이로 단맛이 스치는데, 혀를 타고 넘어가는 청량감으로 다음 잔을 부른다. 마침내 술은 선택한 이를 쥐락펴락할 권력을 가진 것이다. 두 잔을 넘기며 코를 자극하는 취기를 느낀다. 더 마시게 되겠지…. 이제 술은 위험한 무엇이다.

이러한 양면성이 술을 매력 있게 만든다. 지겹고 갑갑한 정성의 시간을 보내더니 한없이 너그러워지는 풍류의 시간에 초대받는다. 사람들은 그 끝이 어떻게 될지 뻔히 알면서도 취하기를 마다하지 않는다. 자칫 조정당할 수 있는 힘에 도전함으로써 승부를 보고자 하는 것이다. 물론 일부러 지고 싶은 날도, 그것을 통해 평소와는 조금 달라지고 싶은 날도 있다. 어쨌든 '술이 가진 힘'을 알고 있다는 증거다. 그렇다. 술은 발효했고, 마침내 권력을 지녔다.

취기가 올랐으니 다시 세월랑을 걸어본다. 내일을 향해 독을 품고 있는 그들 사이로…. SJ

🌳 산사원

산사원에서는 세시주 시음회 등의 이벤트와 가양주 교실을 통해 일반인에게 전통주를 맛보고 담아 볼 수 있는 기회를 제공한다.

주소 경기도 포천시 화현면 화현리 512　**전화** 031-531-9300　**홈페이지** www.sansawon.co.kr
관람시간 오전 8시 30분~오후 5시 30분　**관람비용** 성인 2,000원, 미성년자 무료

비슷한. 그러나. 다른 여행지.

확실히 술을 좋아하는 민족이다. 전국적으로 토종 증류주와 막걸리 등의
전통주뿐 아니라 지역 특산물을 활용한 와이너리가 많이 분포되어 있다.
여기에 박물관이나 저장고까지 포함하면 여행 테마를 술로 정해도 아쉬울 게 없겠다.

진천 세왕주조

덕산 양조장으로 더 잘 알려진 전통의 술도가다. 3대에 걸쳐
술을 빚어온 이곳은 막걸리, 약주, 와인 등 다양한 주종을 선보
인다. 전통 양조기법으로 70년이 넘는 옹기 속에서 발효시켰으
니 그 맛이 어떠할까? 1930년 건립 당시 백두산의 전나무와 삼
나무를 운반해 지었다는 함석지붕 건물이 운치를 더한다.

주소 충청북도 진천군 덕산면 용몽리 572-16
전화 043-536-3567 **홈페이지** www.icnj.co.kr

영주 쥬네뜨와인

포도로 유명한 단산포도마을에 위치한 한국식 와이너리. 포도
는 간이 비가림 재배에 저농약 고품질이고 제초제를 사용하지
않아 와인 재료로는 최고다. 포도 수확기인 9월에는 6천여 평의
농원에서 와인 시음, 와인 담기, 와인족욕, 포도 따기, 포도즙 만
들기, 포도염색, 포도푸딩 만들기 등 다양한 행사가 열린다.

주소 경상북도 영주시 단산면 옥내리 281
전화 054-633-5316 **홈페이지** www.junete.com

청도 감와인터널

서리 맞은 청도반시로 만든 감와인은 이중적인 매력을 지녔
다. 화이트와인이면서 레드와인이 가진 탄닌이 풍부하다. 그러
면서도 화이트와인 특유의 감미와 산미가 있다. 와인 저장고도
재미있다. 대한제국 말기에 완공된 기차터널로 역사가 100년
이 넘는데, 상시 13~15도의 온도를 유지해 감와인과 찰떡궁합
을 이룬다.

주소 경상북도 청도군 화양읍 송금리 252-2
전화 054-371-1904 **홈페이지** www.gamwine.com

포천에서의 1박 2일

경기도 포천이 산 좋고 물 맑은 곳이라는 사실은 이곳에 양조장이 있다는 것만으로도 설명된다. 그러니 가볼 만한 산이 있는 것은 당연지사. 우선 산사원 가장 가까운 곳에 운악산이 있다. 해발 935.5m의 산으로 경기의 소금강이라 할 만큼 비경이 남다르다. 무지개폭포, 궁예왕성터, 운악산 폭포도 유명한 볼거리다.

'산 정상에 있는 호수' 즉, 산정호수도 빼놓을 수 없다. 김일성의 별장이 있다는 것만으로도 주변의 경치를 짐작할 수 있으며 사계절 볼거리, 즐길거리, 연계 체험 프로그램이 다양하다.

마지막으로 포천 아트밸리는 사람들의 지혜가 돋보인다. 방치되었던 폐채석장을 복합 문화예술공간으로 재탄생시켜 도시 재생사업의 성공사례로 꼽히고 있는 곳이다. 대표적인 볼거리인 천주호를 비롯해 조각공원과 전망대, 산책로, 돌문화전시관이 마련되어 있고, 다채로운 공연, 전시 프로그램과 체험, 교육 프로그램이 있어 여행자뿐 아니라 지역 주민들에게도 사랑받는 명소로 떠오르고 있다.

산정호수

한화리조트 산정호수

시설을 두루 갖춘 리조트이고, 관광 상품이나 레저스포츠, 바비큐 패키지 등 다양한 연계상품을 마련하고 있다.

주소 경기도 포천시 영북면 산정리 454-4
전화 031-534-5500
홈페이지 www.hanwharesort.co.kr

럭스제이 키즈스파펜션

어린이 놀이터, 장난감, 어린이와 함께할 수 있는 스파 시설을 갖추고 있어 아이가 있는 가족들에게 이미 입소문이 난 곳이다. 여러 형태의 이벤트 객실과 어린이를 위한 용품 대여, 상비약 등의 서비스도 다양하다.

주소 경기도 포천시 영북면 산정리 107-2
전화 010-3620-2941
홈페이지 www.키즈스파펜션.kr

손두부

포천의 좋은 물로 만든 두부와 산나물, 손맛이 느껴지는 밑반찬이 나오는 손두부집이 많다. 보리밥이나 비빔밥, 두부와 어울리는 보쌈 등 푸짐하게 즐기기 좋다.

• 파주골순두부
손두부정식 6,000원, 두부튀김 7,000원, 두부전골 8,000원
주소 경기도 포천시 영중면 성동리 135-8
전화 031-532-6590

• 초가집
보리밥 7,000원, 콩비지찌개 6,000원, 두부와 보쌈 30,000~35,000원
주소 경기도 포천시 화현면 화현리 654-1
전화 031-533-0966

가평 자라섬 재즈 페스티벌

JJ HAWON
THE 9th
JARASUM
INTERNATIONAL
JAZZ
경기도
가평군

가을과 재즈, 와인과 사람이 만나
농도 짙은 추억을 채운다

　재즈, 몰라도 된다. 쉬운 재즈부터 어려운 재즈까지, 아마추어에서 프로까지, 캠프족, 자원봉사자, 청중, 뮤지션까지 모두가 하나 되어 즐기는 축제의 장이다. 2004년부터 시작된 자라섬 국제 재즈 페스티벌은 국내외 뮤지션 백여 팀이 참여하고 누적관객수 100만이 넘는 국내 최고의 음악 축제로 자리 잡았다.

　여름 지나 가을, 북한강의 조그만 섬에 야외공연을 보려는 사람들이 옹기종기 모여든다. 공연은 아무래도 밤 공연이 인기가 많은데 일교차가 심해지는 계절이라 제법 쌀쌀한 바람이 옷 속을 파고든다. 연인과 친구와 거리를 좁혀 앉고 준비해온 모포를 덮고 두른 채 음악을 듣는다. 사람들은 음악을 듣다가 두런두런 이야기를 하기도 하고, 뮤지션에게 박수를 보내고 좋아하는 리듬이 나오면 일어서서 크게 호응하기도 한다. 피곤한 사람들은 반쯤 누운 자세로 '건방진 감상'이 한창이다. 축제를 즐기는 사람들의 모습이 여유로워 보인다.

재즈의 자유와 캠핑 축제의 분위기가 오묘한 조화를 이루고,
재즈의 soul과 한국인의 정서가 뭔가 모를 공통분모를 갖는 느낌이다.

재즈 페스티벌 최상의 조합은 자라섬, 가을, 재즈, 와인이다. 자라섬은 비가 오면 흔적도 없이 사라진다는 조그마한 섬이다. 그러니 여름을 피해 가을과 연을 잇는다. 가을과 어울리는 음악은 뭐니 뭐니 해도 재즈. 낙엽 떨어지고 바람 불기 시작하면 재즈 한 곡 들으며 사람에게 조금 더 가까이 다가갈 수 있기에, 낭만의 가을과 재즈는 찰떡궁합이다. 이어서 재즈 하면 와인이다. 공연장을 둘러보면 준비해온 와인을 한 모금씩 나눠 마시는 연인들도 심심치 않다. 차가워지는 밤공기와 재즈의 불규칙한 선율에 와인향을 살짝 얹는 게 꽤 그럴듯해 보인다. 이로써 섬에서 와인까지 페스티벌에 필요한 모든 요소가 합을 이루었다. 어떻게 알았는지 재즈 페스티벌 현장을 둘러보면 '재즈와인'을 별도로 판매하기도 한다.

이 조합에 캠핑을 더해본다. 캠핑장은 도시의 공연장 근처에서는 상상조차 할 수 없는 모습이다. 사람들은 축제기간 중 아예 텐트나 카라반에 숙식하며 캠핑과 음악을 동시에 즐긴다. 낮에는 캠핑생활을 즐기고 늦은 오후부터 시작되는 공연에 느릿느릿 나가 음악을 듣는다. 마치 슬리퍼를 끌고 집 앞에 마실 나온 듯한 편안함으로 '자유'를 노래한다는 재즈를 듣는 거다. 그러고 보면 장르가 재즈인 것이 이 페스티벌의 성격과 꽤 잘 맞아떨어진다.

재즈는 생각보다 친근한 음악이다. 아프리카와 미국 음악의 혼혈로 탄생한 지 백 년이 넘었으니 이미 고전의 장르다. 특유의 스윙감 때문에 굳이 박자가 빠르지 않아도 흥이 난다든지, 재즈 하면 빼놓을 수 없는 색소폰 소리에 애틋한 감정이 든다든지, 피아노의 도도하면서도 경쾌한 리듬

감이 빗소리와 유난히 잘 어울린다든지⋯ 누구나 재즈에 대한 추억이 하나쯤은 있을 것이다. 태생 자체가 춤이나 퍼레이드를 위한 음악이었다고 하니 가무를 좋아하는 우리나라 사람들에게 딱이다. 게다가 이 음악이 가진 soul이란 것이 또 우리가 가진 한(恨)의 정서와도 통하는 바가 있다.

음악이라는 것이 참 힘이 세다. 축제가 벌어지는 삼사일 동안은 저마다 다른 곳에서 다른 사연을 갖고 모여든 사람들이 하나의 주제로 일체감을 가지게 된다. 비슷한 음식을 먹고, 비슷한 환경에서 자고, 같은 공연을 보고, 각기 하나씩의 추억을 가지고 일상으로 돌아간다. 물론 음악에 빠져들었을 수도, 와인에 취한 건지 음악에 취한 건지 몰랐을 수도, 속닥거리느라 음악을 놓쳤을 수도 있다. 중요한 것은 그 공기와 그 분위기와 그 기억이다. 생각보다 차가워진 공기에 코끝은 싸했고, 일일이 생각나지 않는 멜로디는 흘렀고, 무대 위 음악가는 조명을 받으며 혼신을 다했다. 자라섬의 공기는 어느 때보다 청명했고, 축제의 마지막을 장식하는 불꽃놀이는 까만색 도화지를 고색창연하게 수놓았다. 충분하지 않은가? 달콤 쌉싸름한 초콜릿 같은 추억 하나를 채웠으니⋯. SJ

🌳 자라섬 국제 재즈 페스티벌

가을밤 축제라는 특성에 맞춘 준비물이 있다. 핫팩, 담요, 와인, 휴대용 의자나 방석이 그것이다. 페스티벌을 즐겁게 즐기려면 꼭 필요한 것들이니 꼭 챙겨 가도록 하자.

주소 경기도 가평군 가평읍 보납로 31 전화 031-581-2813~4 홈페이지 www.jarasumjazz.com

비슷한. 그러나. 다른 여행지.

열두 달 내내 축제가 있지만 아무래도 가을 축제가 가장 많다.
여름 축제를 피서처럼 뜨겁게 즐긴다면, 가을의 축제는 캠핑처럼 훈훈하게
즐기는 것이 묘미랄까? 자신의 취향에 맞춰 하나쯤 참여해보는 것도 좋겠다.

서울 GMF (그랜드민트페스티벌)

2007년에 시작된 가을 축제. 청량한 가을 하늘 아래에서 서정
적인 음악을 즐길 수 있다. 보통 9월에서 10월 사이, 올림픽공
원에서 열린다. 이 축제의 가장 큰 자랑은 최고의 출연진이다.
단 이틀 동안 느낌 있는 국내외 아티스트들을 한 장소에서 이
렇게나 많이 만날 수 있다는 것이 신기할 정도다.

홈페이지 www.grandmintfestival.com

평창 대관령국제음악제 (GMMFS)

정통 클래식 페스티벌로 강원도 평창에서 2004년부터 시작
되었다. 7월에서 8월 사이, 도시에서 잠시 탈출해 클래식 선
율과 쾌적한 공기, 초록의 싱그러움에 빠져볼 수 있다면 이
보다 더 좋은 휴식이 있을까? 무료공연도 많이 있으니 미리
부터 겁먹을 필요 없이 한번쯤 품격 있는 휴가를 계획해보는
것도 좋겠다.

홈페이지 www.gmmfs.com

부산 국제영화제 (BIFF)

매년 9월에서 10월 사이에 열리는, 명실상부 아시아 최고의 국
제영화제다. 초청작, 참여국, 참여인원도 다른 페스티벌과는 비
교가 되지 않고, 찾는 영화 관계자와 유명 게스트만 해도 일일
이 거론하기 어렵다. 열흘 정도 진행되는 축제기간 중에는 온
부산이 들썩인다. 영화를 사랑하는 사람이라면 한번쯤 가볼 만
한 재충전의 축제다.

홈페이지 www.biff.kr

가평에서의 1박 2일

재즈 페스티벌 전후로 시간을 내서 가평을 여행하고 싶은 사람들을 위해 남이섬과 쁘띠프랑스 그리고 아침고요수목원을 추천한다. 자라섬 옆 남이섬은 한 바퀴 둘러보고 카페에서 커피도 마시며 자전거도 타는 등 여유를 부리면 온종일 있어도 모자란다. 자라섬 앞에 있는 테마정원 이화원과 함께 묶어 하루를 쓰면 딱 알맞다. 한국과 브라질 수교 50주년 기념관인 이화원에는 열대식물과 브라질 커피가든이 있다. 1박 2일 동안 세 군데를 모두 가려면 숙소를 아침고요수목원이나 쁘띠프랑스 근처로 잡자. 모두 펜션들이 많다. 아침에 가까운 곳을 들렀다가 오후에 다른 쪽을 가면 된다.

그 외 가볼 만한 곳이 호명호수로 우리나라 최초 양수발전소를 지으며 채운 인공 호수다. 남이섬에서 청평호를 따라 복장리까지 가는 길은 자주 소개되는 드라이브 코스다. 끝으로, 뚜벅이가 가평을 가장 쉽게 둘러볼 수 있는 방법은? 가평터미널로 가서 시티투어버스를 타면 된다.

✚ **가평시티투어 문의** 031-582-2421

이화원

숙소

가평읍 숙소를 이용하는 것이 가장 유리하다. 이 숙소들은 차를 가져오지 않는 여행자들을 위해 축제기간에 픽업차량을 지원해주는 경우가 많다. 가평군청에 등록된 숙소는 가평군 홈페이지에서 확인 가능하며 민박, 펜션, 호텔 등 가평읍에서 등록한 숙소만 100곳이 넘는다.

홈페이지 www.gptour.go.kr

캠핑

자라섬 내에 위치한 오토캠핑장, 캠핑사이트, 카라반, 모빌홈 등을 이용하려면 예약이 필수다. 축제기간 중 텐트는 약 150동을 설치할 수 있고, 샤워실 및 조리대, 화장실, 야영용품 대여점을 운영한다. 정해진 곳 이외의 장소에 텐트를 설치하는 것은 금지되어 있으니 미리 서두르는 것이 좋다. 텐트, 침낭 등 도구도 대여해주니 사전에 페스티벌 공식 사이트를 통해 확인해보자.

야영텐트 숙영비용(4~5인용 텐트 설치) 1박 60,000원, 2박 80,000원
대여비 침낭 7,000원, 코펠 10,000원, 버너 5,000원

닭갈비

가평에서 춘천으로 이어지는 이 지역의 대표음식은 역시 닭갈비다. 수도권 드라이브족의 입맛과 기호에 맞춘 뼈없는닭갈비가 인기가 많다.

· 닭갈비타운
뼈없는닭갈비 10,000원, 닭내장 9,000원, 볶음밥 2,000원
주소 경기도 가평군 가평읍 대곡리 234-10
전화 031-582-0592

막국수

이 지역 막국수는 양념이 칼칼한 비빔막국수가 맛이 좋으며 면발이 매끄럽고 졸깃하다.

· 송원막국수
막국수 6,000~7,000원, 제육 15,000원
주소 경기도 가평군 가평읍 읍내리 363-1
전화 031-582-1408

평창 대관령삼양목장

Healing point

목장 풍경 사진에 담기

☞ 목장길 따라 걷기
☞ 양에게 먹이 주기
☞ 목장 꼭대기에서 바다 보기

강 원 도
평 창 군

그림 속에서
그림을 담는다

초원 끄트머리 검푸른 침엽수림은 어느새 안개 속으로 빨려 들어갔다. 풍차의 날개가 돌아가는 속도가 빨라진다. 하늘 맞닿은 고원은 바람이 밀려오고 가는 순간순간 날씨가 바뀐다. 안개비가 얼굴을 스치는 듯했는데 잠시 후에 해가 나온다. 햇살 아래 홀연 드러난 드넓은 고원 풍경도 잠시, 어느새 안개가 밀려와 그림을 덮어버린다. 살아 있는 그림이다.

몇 차례 찾았건만 목장의 풍경은 그때마다 다르다. 철마다 다르고 날씨 따라 다르니 늘 새롭다. 그래서 잊지 못하는 것일지도 모른다. 머릿속에 들어와 자리 잡은 풍경은 날로 새롭고 떠오를 때마다 그립다.

대관령삼양목장은 동양 최대의 초지다. 1972년 쇠고기와 우유를 얻기 위해 백두대간 줄기 대관령 능선 600만 평에 이르는 땅을 개간하여 초원을 만들었다. 입구에 '개척정신'이라 새긴 비석에서 그 시절 절박했던 심정을 생생하게 느낄 수 있다. 이제 목장은 사람들의 마음을 채우는 여행지

안개 속으로 한 걸음 더 가까이 다가간 만큼 풍경은 속을 내보인다.
그래서 걸어간다. 저 그림 같은 풍경 속으로…

비우기 / **채우기** / 머물기 / 떠나기

가 됐다. 40년 세월 고원에 초지를 가꾸어오는 동안 숱한 사람들의 땀이
초지에 배었고, 그 땀을 양분으로 풀들이 자란다.

능선에서부터 산 아래까지 온통 초지다. 목장 입구를 들어서면 널따란
광장과 휴게소가 있는데 매년 4월부터 11월까지 광장에서 셔틀버스가 출
발한다. 버스는 동해전망대에 사람들을 내려놓고 되돌아 중간중간 정거
장에서 사람들을 내려주거나 태우며 광장으로 돌아온다. 워낙 넓은 목장
이니 다리 힘이 약한 사람들은 셔틀버스로 동해전망대까지 갔다가 걸어서
내려오는 편이 좋다. 광장에서 동해전망대 구간은 시멘트 길로 포장한 길
이 나 있고 걷기 위한 목책로도 잘 되어 있다. 동해전망대를 지나 목장을
완전히 한 바퀴 도는 트레킹 코스도 있는데 거의 하루 온종일 걸리는 장거
리라 권할 만하지 않다. 광장에서 소황병산까지 다녀오는 데만도 11킬로
미터이니 빠른 걸음으로도 서너 시간 이상 걸린다.

대관령목장은 방목을 한다. 소떼를 풀어놓는 시간은 계절에 따라 약간
씩 다르다. 목책을 두르고 양떼를 풀어놓은 곳도 있다. 아이들은 양이 있
는 울타리 앞에 딱 붙어 떠날 줄 모른다. 광장 가까운 곳에는 양떼에게 건
초를 주는 체험공간이 있다. 좀 엉뚱하기는 하지만 타조, 오리 등도 있어
아이들이 좋아한다.

물결치듯 구릉진 목장 풍경을 바라보면 왠지 모를 그리움이 밀려든다. 때로는 유년의 기억이기도 하고 때로는 헤어진 연인이기도 한 그리움. 풍경과는 전혀 상관없는 그들이 왜 그리운지 모르겠다. 목장에 서면.

다니다 보면 어디선가 본 듯한 경치도 있을 것이다. 목장이 영화나 드라마에 많이 등장했기 때문이다. 〈연애소설〉, 〈가을동화〉 등 수많은 드라마와 영화가 목장의 구석구석을 담았다. 곳곳에 촬영지 표시가 있어 영화의 한 장면을 더듬어보는 재미도 있다.

어느 날 나는 또 목장을 찾을 것이다. 사람 없는 어느 늦가을 평일에 카메라 하나 둘러메고 목장길을 오를 것이다. 오르며 십 년 전 처음 찾아왔던 날을 생각하고 중간중간 같이 왔던 사람들을 생각하고 봄 여름 가을 겨울 목장의 계절을 바라보며 홀로 목장길을 걸어갈 것이다. 그때 또 안개가 밀려오고 바람이 불고 햇볕이 내리쬐더라도 나는 빼놓지 않고 목장의 풍경을 담을 것이다. 그림 속에서 그림을 담는 날이 될 것이다. MH

횡계읍에서 목장까지 차로 약 15분 정도 들어간다. 대중교통편이 없어 횡계에서 택시를 타야 하는데 1만 5천 원 안쪽이다. 목장 입장료는 어른 8천 원. 셔틀버스 탑승은 무료다. 목장 휴게소에서는 컵라면과 간단한 음료만 판다. 목장이 청정지역인데다 상수원보호구역이라 음식을 조리해 제공할 수 없다. 목장의 날씨는 수시로 변한다. 겨울이나 비가 많은 장마철에는 전망대에 오를 수 있는지 등을 미리 문의해봐야 한다. 입장 또한 계절에 따라 4시부터 5시 반까지 다르다.

주소 강원도 평창군 대관령면 횡계리 산1-107 **전화** 033-335-5044~5
홈페이지 www.samyangranch.co.kr

카메라에 담으면 그대로 그림이 되는 곳들이 있다. 물론 계절과 날씨와 시간에 따라 다르긴 하지만. 아름다운 풍경은 마음을 순하게 다듬고 나오는 말도 부드럽게 만든다. 그림 같은 여행지를 꼽을 때 빠지지 않는 세 곳이다.

순천 순천만갈대숲

해가 질 무렵 순천만갈대숲에 붉은 노을과 해무가 어리면 그 자체가 그림이다. 늦가을 또는 초겨울 여행지로 특히 인기가 있다. 용산전망대에서 바라보는 S자형 물길에 배가 지나는 풍경은 수많은 사진작가들의 카메라에 담겨 있다. 드넓은 갈대숲에 나무데크로 산책로를 만들어 편하게 둘러볼 수 있다.

주소 전라남도 순천시 순천만길 513-25
전화 061-749-4007 **홈페이지** www.suncheonbay.go.kr

안동 퇴계오솔길

퇴계 이황 선생이 '그림 속으로 들어간다.'라고 표현했던 길이다. 낙동강을 거슬러 청량산으로 이어지는 강가 길로, 퇴계 선생은 어렸을 적 이 길을 지나 청량산으로 공부하러 갔다. 말년에 도산서원에서 후학을 가르치며 걷던 길이기도 하다. 청량산 조망대에서 보는 풍경은 한 폭의 동양화다.

주소 경상북도 안동시 도산면 단천리-가송리 **전화** 054-856-3013

임실 옥정호

호수의 운해 위로 떠오르는 일출이 천지창조를 방불케 하는 곳이다. 10월 중순에서 11월 초 물안개가 가장 많이 피어오른다. 옥정호의 묘미는 아기자기함이다. 깊은 산속에 생긴 호수라 다양한 풍광을 보여준다. 옥정호를 빙 둘러 가는 드라이브도 좋다. 곳곳에 쉼터가 있어 잠시 머물며 경치를 감상할 수 있다.

주소 전라북도 임실군 운암면 입석리 458
전화 063-640-2641

평창에서의 1박 2일

대관령터널이 생기면서 구불구불 대관령을 넘던 옛 도로는 드라이브 코스가 됐다. 고갯마루에 엽서 속 그림 같은 양떼목장이 있고 선자령 트레킹 진입로가 있다. 대관령삼양목장이나 대관령 양떼목장을 둘러보고 월정사를 다녀오면 하루 코스로 알맞다. 월정사는 계곡 옆 평지에 있는 사찰인데 일주문에서 절까지 나 있는 전나무숲으로도 유명하다.

월정사를 지나 계속해서 들어가면 오대산 상원사가 나온다. 상원사는 절도 유명하지만 오대산 한 봉우리에 올라선 적멸보궁으로 이름 높다. 부처님의 진신사리를 모신 적멸보궁으로 가는 길은 가을 단풍철에 특히 아름답다.

봉평은 평창 여행에서 오며가며 들러보는 경유지와 같은 곳이다. 흥정계곡과 금당계곡 등 수려한 계곡과 봉평오일장, 이효석문학관, 가을 메밀밭, 허브나라, 무이예술관 등이 옹기종기 모여 있어 한나절 시간이 훌쩍 간다. 펜션 또한 밀집되어 있어 봉평에 숙소를 정하고 대관령을 다녀오는 것도 좋은 방법이다.

월정사 전나무숲

허브나라

평창은 우리나라에서 펜션이 가장 많은 고장이다. 개인이 운영하는 펜션부터 대단지 펜션까지 다양한 펜션이 있다. 이색 펜션으로 봉평 허브나라 펜션을 들 수 있다. 허브나라 관광을 겸해서 묵을 수 있으며 흥정계곡과 가깝다는 장점이 있다. 동화 속 나라 같은 곳에서 하룻밤을 보내자.

주소 강원도 평창군 봉평면 흥정계곡길 291-42 **전화** 033-335-2902 **홈페이지** http://herbnara.com

강릉 경포호

대관령삼양목장을 찾는다 해서 꼭 평창에서 자란 법은 없다. 대관령터널이 열린 뒤로 횡계에서 강릉 경포호까지 한 시간 남짓 거리다. 거꾸로 가는 길이니 밀릴 염려도 없다. 경포호와 경포해변에서 밤을 보내고 이튿날 대관령 목장을 찾아도 시간은 충분하다. 경포해변을 따라 호텔과 모텔 그리고 횟집이 즐비하다. 모텔들도 규모가 작은 콘도 한 동 같은 느낌이다. 대개 바다를 보고 있어 오션뷰를 선택하면 동해 일출을 방 안에서 볼 수 있다.

오삼불고기

더덕구이, 산채, 막국수, 황태 등 강원도의 맛은 다양하다. 횡계는 황태회관의 황태구이와 납작식당의 오삼불고기가 오래 전부터 유명했다. 황태회관은 손님이 너무 몰리면서 음식이나 서비스에 정성을 들이기가 어려울 정도다. 납작식당의 얼큰한 양념을 한 오징어와 삼겹살 또는 더덕구이는 술안주로도, 밥반찬으로도 좋다. 밑반찬도 나물과 버섯 등 여러 가지 나와 부족함이 없다.

• 납작식당
오삼불고기(1인분) 12,000원
주소 강원도 평창군 대관령면 횡계리 325-7 **전화** 033-335-5477

막국수

강원도 곳곳에서 막국수를 하는데 봉평 오일장터 부근 식당들의 막국수가 많이 알려져 있다. 현대막국수가 사람들이 많이 찾는데 물막국수와 비빔국수, 메밀묵무침과 부침 등 다양한 메밀요리를 맛볼 수 있다.

• 현대막국수
메밀물막국수 6,000원, 메밀비빔국수 7,000원, 메밀전병 6,000원
주소 강원도 평창군 봉평면 창동리 384-4 **전화** 033-335-0314

완주 아원 & 오스갤러리

Healing point

자연과 건축 예술의 조화에서 상상력 자극받기

☞ 전통 한옥과 현대 건축의 조화 느껴보기

☞ 자연 속의 갤러리에서 작품 즐기기

☞ 건축가의 상상력 따라잡기

전라북도
완 주 군

상식은 던져버려라
새로운 공간이다

상식은 던져버려라
새로운 공간이다

　입구에서 걸어 들어가는데 보이는 건 언덕 위에 선 한옥 두 채뿐이다. 아원이라는 이름에서 느낄 수 있듯 종남산 기슭에 자리 잡은 전망 좋은 집이다. 한옥 뒤편에 네모진 건물이 하나 보인다. 저건 뭐지? 밋밋한 모양에 존재감이 이내 사라진다. 250년 된 옛집을 그대로 옮겨왔다는 한옥만 눈에 들어올 뿐이다. 그때까지만 해도 그 밋밋한 건물에서 유쾌한 상상력의 공간을 만나리라고는 꿈에도 생각하지 못했다.

　한옥 마루에 앉아 멀리 산 아래를 바라본다. 더운 여름날인데 절로 시원한 감이 든다. 한옥 뒤편으로 콘크리트 건물로 들어가는 비좁은 문이 보인다. 마지못해 들어서는데 뭔가 이상한 느낌이 든다. 밖에서 볼 때는 분명 창고같이 답답한 콘크리트 건물인데 왠지 한옥에 들어선 듯한 기분이다. 딱히 한옥이라고 할 수도 없다. 현대식 벽면 분할에다 바닥 면에 붙여 창문을 내었으니 이런 한옥 공간은 없다. 그런데도 한옥 느낌이 나는 건 왜 그럴까? 내정마루에니 까는 나무바닥이나 마감재, 장식 때문만은 아니다. 뭘까.

　군데군데 창문 같지 않은 창문 덕에 탁 트인 공간이 전시장 같은 느낌이 든다. 동서고금이 어우러져 묘한 분위기에 자극을 받은 상상력은 무한 분열한다. 벽면 하나하나 천정 한 면까지 말로는 설명할 수 없는 공간 처리가 눈에 들어온다.

　벽면 모서리 아래쪽에 창문을 내고 마주 앉을 수 있는 다탁을 두었다. 그 자리에 앉으니 푸른 자연이 따라와 옆에 앉는다. 현대식 통창 밖으로 전통 가옥의 모습이 이어진다. 공간마다 상상력이 넘쳐난다. 아원에서의 한나절은 적잖은 충격이었다. 건축가가 마음껏 그려낸 공간은 전통과 자연이 어우러진 협주곡과도 같았다. 아무도 작품이라 말해주지 않았는데 굳이 일러줄 필요가 없었다.

　아원은 짓고도 오랫동안 일반인에게 개방하지 않고 있다. 전통예절과 다도, 한옥체험을 할 수 있는 문화공간으로 준비 중이니 일반인이 쉽게 찾을 날이 멀지는 않았다.

　아원에서 자동차로 5분 거리를 가면 오스갤러리가 나온다. 앞은 아담한 호수 오성지다. 푸른 잔디를 깔끔하게 다듬은 정원에서 잠시 호수를 바라봤다. 햇볕 따가운 여름날이다. 바람 한 점 간절한 날인데 야속하게도 눈 따갑도록 초록빛만 맹렬히 타오른다. 호수의 물이 끓어오를 것만 같다.

　갤러리라고 들었는데 카페 같은 분위기다. 유럽풍의 건축물과 네모진 현대식 건물이 붙어 있다. 제법 공들인 카페형 갤러리겠구나 하는 생각을 하며 들어섰다. 커피를 주문하고 자리에 앉는데 왠지 낯익고 또 낯설다. 공간은 익숙하지 않은데 바로 조금 전 아원에서 본 느낌이 들며 친숙하다. 왜 이러지? 주위를 둘러보았다. 한쪽 벽면으로 창문이 길게 나 있다. 아원에서 본 좁고 긴 유리창이다. 긴 창 너머 호수가 보이고 바로 앞에는 환한 햇볕 속에 초록이 무섭도록 짙어 불이라도 붙을 것만 같다. 같은 건축가의

상상력은 영혼의 비타민과 같다.
한계에 이르렀을 때
새로운 세계를 열어주는 문이기도 하다.

공간이라는 설명에 그제야 고개가 끄덕여진다.

천천히 둘러보니 곳곳이 새롭다. 이제까지 보아왔던 것과 같은 것이 하나도 없다. 문은 문이되 새로운 문이고 벽은 벽인데 뭔가 다르다. 어느새 더위는 까맣게 잊고 정신없이 공간을 들여다본다. 상상력이란 이런 걸까. 이제까지 이래야만 천정이고 창문이라 했던 상식을 비웃기라도 하듯 하나같이 다르다.

밖에서도 보고 싶은 욕심에 끌려 무더운 여름 한복판으로 나간다. 의외로 외관은 단조롭다. 건축가는 이질적인 두 공간을 결합하는데 취미가 있다는 걸 새삼 깨닫는다. 아원에서는 전통 한옥과 콘크리트 건물이었다. 오스갤러리는 유럽풍 카페테리아와 깔끔한 직선형의 갤러리 건물이 붙어 있다.

갤러리에 전시된 조각이나 그림 작품을 둘러보고 갓 볶은 커피를 마시며 창밖을 본다. 뜨거운 여름이 지나간다. 오늘 하루 발은 피곤하고 몸은 더위에 지쳤지만 무한 상상력의 세상을 다녀온 머릿속은 깊고 서늘하기만 하다. 또 하나의 고정관념을 털어버린 날이다. MH

오스아트그룹

오스아트그룹은 아원과 오스갤러리 그리고 임실군 운암에 있는 오스하우스(063-221-3433)를 운영한다. 서두르지 않고 천천히 문화공간을 가꿔나가고 있는데 홈페이지가 너무 간단해 알고 싶은 정보를 찾기가 어렵다. 아원은 아직 일반개방을 않는다. 오스갤러리를 먼저 들러 정중하게 요청하면 둘러볼 기회를 가질 수 있을 것이다. 오스갤러리로 전화해 미리 상의하는 것도 방법이다.

· 아원
주소 전라북도 완주군 소양면 대흥리 409
· 오스갤러리
주소 전라북도 완주군 소양면 대흥리 396-1 **전화번호** 063-244-7116 **홈페이지** www.osart.co.kr

예술과 자연 그리고 건축물이 조화롭게 어울려 있는 곳들은 생각보다 그리 많지 않다.
다음 세 곳은 아름다운 자연 속에 예술과 건축 또는 조형물이 녹아들어 있는 여행지다.
인간이 만든 구조물도 자연과 어울릴 수 있음을 깨닫는 곳!

보령 개화예술공원

성주산 뒤편 녹지에 있는 개화예술공원은 세계적인 조각건축물
과 미술관, 잘 꾸며진 연못, 황토찜질방과 허브랜드 등 다양한
볼거리가 있는 곳이다. 커다란 바위에 시를 쓴 육필 시비들이
공원 전체를 둘러싸고 있어 하나하나 감상하다보면 시간 가는
줄 모른다. 연인 또는 가족과 하루를 보내기에 부족함이 없다.

주소 충청남도 보령시 성주면 개화리 177-2
전화 041-931-6789 **홈페이지** www.gaehwaartpark.com

포천 아트밸리

돌을 캐고 나서 버려진 채석장을 복합문화예술공간으로 꾸민
곳이다. 모노레일을 타고 전체를 둘러본 다음 조각공원과 공
연장을 찾아보자. 각종 공연과 전시가 이어지고 있는데 홈페
이지에서 확인할 수 있다. 산정호수와 명성산, 이동갈비촌 등
포천의 명소와 함께 일정을 짜면 하루 알차게 다녀올 수 있다.

주소 경기도 포천시 신북면 기지리 282
전화 031-538-3483 **홈페이지** www.artvalley.or.kr

제천 능강솟대문화공간

마을의 안녕과 풍요를 기원하며 입구에 세운 솟대를 예술로 승
화시킨 곳이다. 다양한 솟대를 관람하고 직접 만드는 체험을
할 수도 있다. 언덕에 있는 문화공간은 작은 편이지만 바로 앞
이 청풍호다. 정원이 아름답고 아기자기하다. 제천에서 단양
가는 길에 있으니 중간에 잠시 쉬었다 가기에 알맞다.

주소 충청북도 제천시 수산면 능강리 산6
전화 043-653-6160
홈페이지 http://blog.daum.net/hanguk73

완주에서의 1박 2일

아원과 오스갤러리만 찾아서 완주를 다녀온다는 건 좀 아쉽다. 1박 2일 예정을 잡고 완주 대둔산과 대아수목원, 송광사 등을 들르는 일정을 짜보자. 대둔산은 7부능선까지 케이블카를 타고 오를 수 있다. 능선에서 정상까지 30분 정도 오르면 된다. 대아저수지 상류에 있는 대아수목원은 우리나라 최대의 금낭화자생군락지다. 가는 길이 드라이브 코스다.

완주에는 이름난 사찰이 많다. 고찰 화암사와 대찰 송광사, 비구니승의 수도 도량으로 정갈한 위봉사가 있다. 걷기에는 화암사, 편하게 다녀오기로는 송광사가 좋다. 위봉사는 위봉산성과 겸해 둘러보면 된다.

완주군 가운데 전주시가 자리 잡고 있다. 전주한옥마을 등 전주 여행과 함께 계획을 잡아보는 것도 좋다. 이럴 경우 화암사와 대둔산, 대아수목원은 좀 거리가 멀다. 첫날 전주한옥마을을 둘러보고 전주에서 잠을 잔 후 이튿날 송광사와 아원, 오스갤러리 등을 들렀다가 익산장수고속도로 소양 IC를 타는 게 낫다.

화암사

대둔산온천관광호텔

대둔산 케이블카 바로 아래 있는 호텔이다. 약 알칼리
성을 띤 온천수가 나와 온천욕을 즐길 수 있다는 장점
이 있다. 호텔에서 묵고 아침 일찍 케이블카를 타고 대
둔산을 오르면 점심 무렵 내려올 수 있다.

주소 전라북도 완주군 운주면 산북리 611-70
전화 063-263-1260 **홈페이지** www.dhotel.co.kr

전주한옥생활체험관

전주한옥마을을 찾으면 한옥숙박체험을 하는 곳이 여
럿이다. 전주한옥생활체험관은 전통문화 체험까지 겸
할 수 있다. 한옥에서 하룻밤을 보내고 오전에 전주한
옥마을을 둘러본 다음 완주 아원으로 이동하면 된다.

주소 전라북도 전주시 완산구 어진길 29
전화 063-287-6300 **홈페이지** www.jjhanok.com

연잎정식

연잎과 연근을 비롯해 각종 채소와 보쌈을 내놓는 연
잎정식을 맛보자. 송광사 뒤편 연밭 위쪽에 가정집 같
은 분위기의 황금연못이 있다. 핑크빛 연근과 매콤한
장아찌, 시원한 묵, 노란 호박 등 갖가지 색깔의 찬은
눈으로 먹어야 하지 않을까 싶을 만큼 예쁘다. 녹차가
루 등 자연향신료를 사용해 맛이 담백하다.

• **황금연못**
연잎정식(1인분) 18,000원
주소 전라북도 완주군 소양면 대흥리 571-23 **전화** 063-246-8848

콩나물국밥

전주에서 묵을 경우 선택의 폭이 다양하다. 맛의 고장답게 전주비빔밥과 해장국, 떡갈비, 한정식 등
종류도 많다. 간단하게 국밥 한 그릇을 한다면 왱이콩나물국밥을 추천한다.

• **왱이콩나물국밥**
콩나물국밥 6,000원
주소 전라북도 전주시 완산구 경원동2가 12-1 **전화** 063-287-6980

익 산 미 륵 사 지

익 산 미 륵 사 지

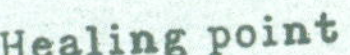

Healing point
고터에서 과거의 모습과 앞으로의 모습 상상해보기
☞ 미륵사지 유물전시관에서 백제의 취향 엿보기
☞ 빈터와 유물을 보며 옛 이야기 그리기

전라북도
익 산 시

상상이란 첨가물을 만나
끝이 없는 이야기가 시작된다

　미륵사 절터. 상상으로 시작해서 기대로 마무리하는 곳이다. 미륵사는 7세기 백제 무왕이 건립했으며 당시 우리나라 최대의 사찰이자 동양 최대의 사찰이었다. 구성 또한 남달라서 보통의 사찰이 1탑과 1금당 형식인데 반해 세 개의 탑과 세 개의 금당을 세워 화려함의 극치를 보여주었다. 무왕의 지나친 토목공사로 백제 패망의 원인이 되었다는 말이 어느 정도 수긍이 될 정도다. 그러나 지금은 무너진 돌탑과 넓은 터만 남았을 뿐이다.

　미륵사를 상상하기 위해 우선 유물전시관을 둘러본다. 커다란 새 꼬리 모양의 치미. 사찰이나 궁궐의 용마루 끝에 달리는 장식기와인데 그 크기만 봐도 미륵사의 규모를 짐작할 수 있다. 규모뿐인가? 백제 미술의 우아함이 느껴지는 각종 장식품에 감탄의 감탄이 절로 나온다. 무작정 화려하기만 한 것이 아니라 온화하고 부드러운 세련미가 있다. 볼수록 과거 이곳의 모습이 궁금하고, 앞으로 복원될 이곳이 기대된다. 그러니까 보고 만

져지는 실체가 없기 때문에 더 재미가 있는 것이다. 마음속에 절을 세워도 되고, 궁전을 세워도 되고, 평화로운 공원을 만들어도 된다. 자, 그러면 '땅 좀 보러' 나가볼까?

평화로운 연못지, 그 뒤로는 당간지주가 우뚝 서 있다. 무심하고 오래된 두 개의 기둥은 1,500년 동안 '이곳이 내 영역'임을 표시하며 영광의 부활을 꿈꾸는 듯하다. 그런데 오른쪽으로 보이는 동탑은 생경하기 이를 데 없다. 기계로 깎아놓은 하얀 대리석 탑은 놀이동산에 온 것 같은 착각을 불러일으킨다. 행복한 상상에 찬물을 끼얹는 깔끔하고 딱 떨어지는 탑을 보고 있자니 괜한 염려가 앞선다. 저 탑에 세월과 사람의 냄새가 나려면 백 년이 열 번은 지나야 할 것 같다. 그러니 복원이 다 이루어지기 전에, 어색하게 말끔해지기 전에, 보는 감상만이 허락되는 시간이 오기 전에 미륵사지를 찾은 것은 잘한 일이다.

지금의 미륵사지는 보고 감탄할 것보다 상상하고 기대할 것이 많아 좋다. 어떤 것도 정해진 것이 없고, 늘어져 누워 있는 돌들을 재료로 마음대로 짓고 만들 수 있다. 천 년의 햇빛과 바람으로 적당히 거뭇거뭇해진 크고 작은 돌들은 퍼즐의 한 조각이 될 것이다. 그나마 흔적을 가진 것은 석탑뿐, 불타 없어진 목탑과 건물은 기둥 자리만 남았다.

풀꽃 사이를 천천히 걸으며 생각한다. 전각 주춧돌이었을 것이다, 석등 받침이었을 것이다, 회랑의 열주였을 것이다, 왕과 왕비는 이곳을 기뻐라 했을 것이다, 수많은 중생들은 그만큼의 번뇌를 가지고 이곳에 왔을 것이다, 주지는 가르쳤을 것이고 동자들은 앞마당을 쓸며 공양 시간을 기다렸

늘어져 누워 있는 돌들은 알고 있을 것이다.
불타오르던 밤의 절망과 버려진 세월 동안의 쓸쓸함을…

을 것이다…. 삽시간에 불타오르던 그 밤에 얼마나 절망했을 것이며, 버려진 들판으로 지내는 동안은 얼마나 쓸쓸했을까?

그늘도 없는 들판에서 산책이 길어진다.

언제가 될지는 모르겠다. 마침내 미륵사지가 복원된다면 이곳을 다시 찾을 것이다. 과연 기대했던 대로일지, 깐깐한 검수관이 되어 구석구석을 살필 것이다. 그러면서 이렇게 말하겠지.

"옛날엔 여기가 허허벌판이었거든. 대단하지 않아? 해체하고 복원하는 데만 수십 년이 걸리는데, 백제시대엔 이걸 만들었다고! 그때가 7세기야. 크레인이 있었겠어, 거중기가 있었겠어? 그러니까 무왕이 엄청난 야심가인 거지. 그런 사람이니까 서동 신분으로 공주를 꼬여내는 것도 가능했을 거 같지 않아?"

그렇다. 전설은 돌고 도는 것이다. 미륵사지에서 생각은 유연해졌고 상상은 이스트를 먹은 빵처럼 부풀어 올랐다. 이것이 고터를 찾는 이유다. SJ

🌳 미륵 사지 유물전시관

사리보관함과 함께 출토물, 복원될 미륵사지의 모습, 백제시대의 생활상 등을 볼 수 있다. 고터를 산책하기 전에 반드시 들러서 즐거운 상상력의 소재를 한껏 충전하길 권한다. 고터를 둘러보는 즐거움이 배가 될 것이다.

주소 전라북도 익산시 금마면 미륵사지로 362
전화 063-290-6799 **홈페이지** www.mireuksaji.org
관람시간 오전 9시~오후 6시(월요일 휴관) **관람비용** 무료

조선시대 숭유억불 정책과 전란으로 인해
전국에 터만 남은 사찰 자리가 의외로 많은 편이다.
그중 의미 있고 독특한 양식을 보이는 곳 세 군데를 소개한다.

경주 황룡사지

한마디로 국내 최대의 고터다. 신라 최전성기 100년 동안 지었
다니 그 시절 영광을 짐작할 만하다. 높이가 80m로 추정되는 9
층 석탑, 현존 최대 크기의 성덕대왕신종보다 네 배 큰 황룡사
범종은 황룡사와 함께 전소되어 이제는 전설로 남았다. 주춧돌
과 기둥자리, 받침대로 쓰였던 수백 점의 돌들이 상상의 재료다.
주소 경상북도 경주시 구황동 320-1

양양 미천골 선림원지

선림원은 9세기에 순응법사가 세운 사찰로, 다른 폐사지와 달
리 계곡을 따라 위치해 있다. 당시 관동지역 최대의 사찰이자
당대 최고 수준의 수련원이었다고 한다. 900년 전후 대홍수로
인한 산사태로 절터가 완전히 매몰되었지만 다행히도 주춧돌
이 완전한 형태로 남았다. 삼층석탑, 석등 등 출토 유물도 양
호한 편이다.
주소 강원도 양양군 서면 서림리 424

충주 미륵대원지

고려 초기 사찰로 하늘재, 계립재, 새재로 둘러싸인 산골짜기
에 위치하고 있다. 미지에 쌓인 절터 흔적도 흥미롭지만 석불
입상이 유명하다. 모자를 쓰고 있는 듯한 10m가 넘는 거대 불
상이 작은 불상들로 장식된 인공석굴에 둘러싸여 있다. 고려시
대 특유의 투박하지만 이국적인 디자인 특성을 느낄 수 있는
고터다.
주소 충청북도 충주시 수안보면 미륵리 58

익산에서의 1박 2일

익산은 백제 유적의 보고다. 1박 2일이라면 고분과 유적을 중심으로 백제를 둘러보면 좋겠다.
왕궁리유적은 원래 무왕대에 왕궁으로 건립되었다가 후에 이곳에 사찰을 지었다. 전시관에서는
이곳에서 출토된 유물과 함께 왕궁리유적의 백제건물, 왕궁의 생활, 왕궁에서 사찰로의 변화, 백
제왕궁 등을 살펴볼 수 있다. 무왕대의 왕궁을 보았으니 다음 코스로는 무왕
최고의 건축물인 미륵사지를 보고 하루를 마감한다.

다음 날은 입점리 고분전시관과 쌍릉을 찾는다. 고분전시관에서 백제 고분
양식과 그 시대의 문화와 생활을 둘러본 후 쌍릉으로 발을 옮긴다. 남북
으로 무덤이 나란히 있는 쌍릉은 북쪽의 것을
대왕묘, 남쪽의 것을 소왕묘라 한다. 이 무덤
에 대해선 마한의 무강왕과 왕비의 능이라고
도 하고, 백제 무왕과 선화비의 능이라는 의견
도 있다.

익산 왕궁리유적

쌍릉

익산유스호스텔

도미토리에서 호텔 VIP룸까지 다양한 객실을 갖춘 유스호스텔이다. 연회실과 세미나실까지 갖추고 있어 단체 수련회나 회사 워크숍 장소로도 사용할 수 있다.

주소 전라북도 익산시 마한로 11
전화 063-850-2000
홈페이지 www.irion.or.kr

익산비지니스관광호텔

익산 고속터미널과 가깝고 레스토랑, 오피스룸, 회의실, 연회실 등을 갖춘 비즈니스호텔이다. 깔끔한 시설에서 하룻밤 잘 쉴 수 있다.

주소 전라북도 익산시 인화동1가 183-1
전화 063-853-7171
홈페이지 www.iksanbusinesshotel.kr

마 음식

익산은 마로 만든 음식이 다양하다. 〈서동요〉에도 등장하는 마 음식을 맛보며 여행의 기분을 살려보는 것도 좋겠다.

• 본향 마약밥

마약밥정식 10,000원, 선화공주정식 15,000원, 무왕황제정식 23,000원
주소 전라북도 익산시 신동 139-6
전화 063-858-1588
홈페이지 www.마약밥.kr

육회비빔밥

익산 시내 황등시장에는 육회비빔밥 전문점이 많이 있다.

• 진미식당

육회비빔밥 7,000~9,000원, 진미전통순대 10,000원, 국밥 5,000원
주소 전라북도 익산시 황등면 황등리 902
전화 063-856-4422

• 한일식당

육회비빔밥 7,000~10,000원, 한우갈비전골 22,000원, 육회 30,000원
주소 전라북도 익산시 황등면 황등리 1015-7
전화 063-856-3158

옛 맛 흐르는 깊이 있는 한 상

영광 문정한정식

전라남도
영광군

그리운 맛을 만났을 때
나오는 첫 마디는

　　남도 백반을 이야기할 때 푸짐한 찬에 깃든 인심을 든다. 대대로 이어온 손맛도 빠지지 않는다. 이름난 집을 찾아가 산해진미를 한 상 겹겹이, 심지어 그릇 위에 그릇을 올려놓아도 풀리지 않는 아쉬움. 그 기분은 진짜 남도 백반을 아는 사람만 이해한다.

　　음식에 가짜가 있다는 건 아니다. 다만 세상이 변하고 식재료가 바뀌었다. 한정식으로 이름난 남도의 한 집을 찾았는데 실망하고 말았다. 일품요리 몇 가지가 나왔고 찬은 구색을 맞추기 위해 냈음이 역력하다. 해초묵 샐러드와 옥수수알갱이 볶음이 나왔을 때는 기가 차지 않을 수 없었다. 이해는 할 수 있다. 할머니 솜씨는 그대로겠지만 기력이 딸려 그 많은 음식을 조리하기 어려우시겠지. 무엇보다 솜씨를 발휘할 식재료들이 사라져버렸다. 요즘은 수익성 좋은 식재료 몇 종류만 대량으로 양식하거나 하우스 생산을 한다고 한다. 자잘한 맛을 내주던 여러 젓갈이나 실치포, 부각, 생선이나 조개 등의 재료들은 조달하기도 쉽지 않고 양이 많지 않으니 가격

찻 하나에 담긴 맛은 백 년
탕에 가라앉은 맛은 천 년이다.
수천 년 이어온
우리 맛이 오른 상이다.

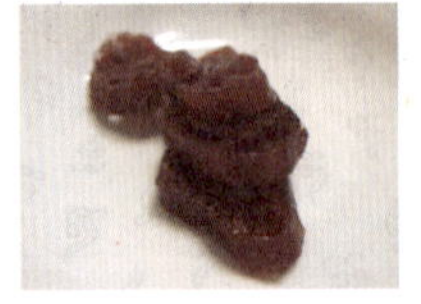

도 맞지 않다. 한정식이라고 내놓지만 반찬 가짓수만 많을 뿐 옛 맛을 담은 음식을 찾기 어려운 이유가 여기 있다.

맛도 몸에 밴다. 한정식을 찾는 건 푸짐한 상을 받고 싶은 게 아니다. 예전에 먹었던 포며 이름 모를 생선조림이며 장아찌 맛이 그리운 것이다.

영광읍 문정한정식. 좁은 골목길로 꺾어져 들어가 대문을 들어섰다. 아담한 정원을 가진 기와집이 식당 같지 않다. 방마다 따로따로 손님상을 차리니 가정집에 온 듯한 느낌이 든다. 한 상 가득하게 찬이 나온다. 어림잡아 서른 가지가 넘는다. 하나하나 방금 담은 듯 기름기 흐르거나 깔끔하거나 생생하다. 젓가락이 바빠진다. 오랜 친구를 만난 듯 반갑다.

옛 기억을 되살리는 음식들이다. 요즘 유행하는 퓨전한정식, 코스로 나오는 한정식과는 확실히 다른 찬이고 다른 맛이다. 이어서 나오는 요리들도 눈이 먼저 반긴다. 요즘 상차림에서 보기 어려운 음식들이다. 갈비찜도 옛 맛이 물씬 난다.

남도 백반은 고장에 따라 철에 따라 요리들이 약간씩 달라진다. 영광은 바다가 가까운지라 문정한정식은 백합탕 등 싱싱한 해산물이 풍부하다. 바다와 멀어질수록 해산물은 말린 생신이니 포 종류로 바뀌고 대신 산에서 나는 임산물이 풍성하다.

천천히. 문정한정식을 가면 천천히라는 말을 되뇌자. 도시 사람들 너무 급하게 먹는다. 한 시간 주어진 점심시간 쫓기듯 먹고 잠시라도 휴식을 해야 하니 어쩔 수 없다. 문정한정식에서 그렇게 먹다간 음식의 반도 먹지 못한다. 두어 시간 살아가는 이야기를 나누며 먹어야 한다.

제철에 난 산물은 맛이 가장 좋을 때다. 재료 자체가 맛이 있는데 정성스런 손맛까지 들어가니 몸이 먼저 반긴다. 과식은 안 먹느니만 못하다지만 늘 그런 건 아니니까. 그리운 음식 배부르게 먹고 그 포만감에 젖어보는 것. 한 번쯤은 봐줄 만하다.

남도한정식은 실은 남도 백반이라 해야 한다. 20여 년 전만 해도 남도를 돌아다니다 백반을 시키면 반찬 가짓수가 20여 가지가 넘었다. 가까운 강과 들, 산과 바다에서 난 식자재로 만든 찬들이었다. 남도 백반 갖가지 반찬에 홍어삼합, 갈비찜, 육회, 전복요리 등 제철 일품요리들이 우르르 오르면 남도한정식이라 부른다.

세상 바뀌는 건 막을 도리가 없다. 옛 맛에 집착하는 것 또한 지나치면 욕심임을 안다. 다만 그리울 뿐이다. 오랜 손맛이 빚은 소박한 그러나 제철 향기 깊은 찬들이. MH

문정한정식은 예약을 해야 한다. 음식에 시간이 걸리고 식재료가 떨어지면 손님도 받지 않는다. 불시에 찾았다간 집만 구경하고 올 수 있다. 한상 10만 원, 50만 원 두 종류가 있는데 백합이나 장어 등 제철 일품요리가 좀 더 나온다고 보면 된다.

주소 전라남도 영광군 영광읍 도동리 236-5 **전화** 061-352-5450

비슷한. 그러나. 다른 여행지.

한정식집을 찾아가려면 일단 같이 갈 사람을 찾아야 한다. 수십 가지 찬이 나오는데 가격도 가격이지만 남는 음식이 아깝다. 최소 2인 이상부터 상을 차리지만 네 명이 적당하다. 각기 특색을 지닌 한정식집 세 곳이다.

목포 다원한정식

남도의 백반은 집밥 같은 정겨움이 있다. 영업만을 위해서 내는 한정식은 절대 그런 느낌을 못 낸다. 그런 맥을 이어가는 집이다. 생고기낙지탕탕이 등 새롭게 인기를 끄는 일품요리들이 올라오는 등 옛 한정식과 식자재는 다르지만 집밥이 지닌 정겨움을 잃지 않았다.

주소 전라남도 목포시 용당동 1113-9
전화 061-277-1999

목포 옥정 궁중한정식

이미 널리 알려진 전통 궁중한정식집이다. 김대중 대통령 재임시절 청와대에 초청되어 음식을 만들었다. 찬이 많이 나오는 편이 아닌데 품격이 있어 귀한 손님 접대하기에 알맞다. 민어 등 제철 회와 홍어삼합, 신선로, 산낙지 등 남도의 해산물과 밀전병과 완자 등이 궁중음식에 만났다고 보면 된다.

주소 전남 목포시 상동 1115-9, (하당점) 전남 목포시 상동 1126-1
전화 061-243-0012, (하당점) 061-287-0999

금산 조무락 인삼한정식

금산은 인삼의 고장이다. 조무락은 인삼을 이용한 한정식을 개발한 집이다. 인공감미료를 쓰지 않고 직접 담근 장과 매실액 등으로 맛을 낸다. 몇몇 밑반찬을 제외하고는 전통한정식과 식자재는 물론 조리법까지 판이하다. 이제까지 없었던 새로운 요리도 많다. 퓨전을 넘어 현대화한 한정식이랄까.

주소 충남 금산군 금산읍 중도리 188-16
전화 041-752-5656

영광에서의 1박 2일

영광 여행은 법성포에서부터 시작한다. 법성포에 백제불교문화최초도래지가 있다. 인도의 마라난 타존자가 법성포 앞바다가 보이는 언덕에 내려 불교를 전파하기 시작했다고 해 이곳을 전시관과 조형물 등으로 불교성지화했다. 도래지를 돌아보고 법성포에서 그 유명한 굴비정식을 먹는 게 오전 코스라고 할 수 있다.

오후에는 모래미해변을 거쳐 아름다운 해안도로라 불리는 백수해안도로를 달린다. 중간쯤 언덕에 칠산도와 그 바다를 내려다보는 칠산정이 있다. 구불구불 절벽을 따라 난 해안도로와 바다 풍경이 그림같이 펼쳐진다. 칠산정에서 조금 더 가면 노을전시관과 영광해수온천랜드가 있다. 지하 600m에서 뽑은 해수탕이다. 드라이브만 하면 30분이면 충분하지만 칠산정을 오르고 해변도 내려갔다오면 두 시간 이상 잡아야 한다. 백수해안도로 남쪽 끝부분에 석구미 해수찜이 있다. 피부미용 등에 효과가 좋은 해수찜도 이색경험이 될 것이다. 불갑저수지는 수변공원이 아름답고, 뒤쪽으로 마라난타존자가 세웠다는 불갑사가 있다. 불갑산은 가을에 상사화라 불리는 꽃무릇으로 붉게 물든다.

법성포

영광글로리관광호텔

영광읍에 있는 비교적 깨끗한 관광호텔이다. 커피숍과 식당, 노래방 정도로 부대시설이 많지는 않다. 영광읍에서 가까워 대중교통으로 찾을 때 시외버스터미널에서 걸어서 가도 된다. 아침식사가 가능한 식당 음식은 어지간한 맛집보다 낫다. 객실료 또한 일반 모텔과 비교해서 부담 없는 수준이다. 문정한정식과 5분 거리다.

주소 전라남도 영광군 영광읍 녹사리 8 **전화** 061-351-8700 **홈페이지** www.gloryhotel.co.kr

두리펜션

백수해안도로를 따라 곳곳에 펜션이 있다. 대부분 바다를 보고 있어서해 낙조를 감상하기 좋다. 두리펜션은 불갑천이 바다를 만나는 하구에 있다. 백수해안도로와는 좀 떨어져 있지만 한적해서 좋다. 오가며 영광의 풍광도 느낄 수 있다. 바닷가 바로 위 언덕이라 펜션 정원에서 노을을 보고 바비큐를 즐길 수 있다. 작은 풀장이 있으며 배낚시체험 프로그램도 운영한다. 가족이 묵기 알맞은 곳이다.

주소 전라남도 영광군 염산면 두우리 692 **전화** 061-353-2400
홈페이지 www.dooripension.co.kr

꽃게굴비한정식

영광을 찾으면 법성포는 말할 것도 없고 가는 곳곳 굴비정식을 한다. 굴비정식은 손맛도 손맛이지만 다양한 반찬을 만들어야 한다. 손님이 많아 식자재 회전이 빠른 집이 싱싱한 맛을 볼 수 있는 집이다. 법성포 끝 다랑가지는 꽃게장과 굴비를 주요리로 하는 한정식집이다. 음식 맛이 깔끔하고 상차림도 깨끗하다.

• 다랑가지
꽃게, 굴비한정식(2인) 60,000원
주소 전라남도 영광군 법성면 진내리 482-33 **전화** 061-356-5588 **홈페이지** www.다랑가지.kr

도가니수육

도가니수육은 맛이 담백한 영양식이다. 대추, 밤 등과 함께 끓이면 진득한 국물이 우러나 한입만 먹어도 속이 든든하다. 김대감숯불갈비는 영광읍내에 있다. 숯불갈비가 전문인데 도가니수육도 맛있다. 오랫동안 주방장을 해온 주인이 직접 고기를 골라 손질을 하기 때문에 믿을 수 있다. 밑반찬도 풍성하고 깔끔하다.

• 김대감숯불갈비
도가니수육(중) 35,000원
주소 전라남도 영광군 영광읍 남천리 118-13 **전화** 061-351-5730

온몸으로 작품을 쓰다
보 성 벌 교
태 백 산 맥 문 학 관
4년간의 준비
소설 태백산맥

Healing point
태백산맥의 집필, 출판, 시련, 영광까지 전 과정을 보며 사색하기
☞ 태백산맥 준비와 집필 과정 살펴보기
☞ 출간 이후의 이야기와 작가의 삶 돌아보기
☞ 문학관 주변에 있는 소설의 배경 산책하기

趙廷來 大河小說

太白山脈 1

제1부 恨의 모닥불

해냄

전라남도
보 성 군

문학관에서
인생을 본다

　태백산맥문학관에는 세 가지 이야기가 있다. 〈태백산맥〉 소설 그 자체, 작가 조정래의 이야기, 그리고 〈태백산맥〉이라는 책이 겪어온 고난과 영광의 역사가 그것이다. 관람자의 시각에 따라 감동이 달라지니 단순한 듯 다채로운 모습을 가진 문학관이다.

　입구는 그 유명한 검정색 책표지다. 입구를 지나 오른쪽을 보면 쌓아올린 작가의 육필원고 만 육천 오백 장이 방문자의 기운을 제압한다. 키를 넘는 원고지만 봐도 우여곡절이란 말이 떠오른다. 〈태백산맥〉은 여순사건을 시작으로 지리산으로 들어간 빨치산과 격동의 시대를 살아온 사람들의 이야기다. 1983년부터 〈현대문학〉 연재로 시작되었고, 마침내 열 권의 소설로 탄생하였다.

　여기서 흥미로운 건 작가의 배경이 곧 소설이 된 점이다. 벌교는 작가 조정래가 초등학교 4학년부터 6학년까지를 보낸 동네다. 그는 이때부터 동시와 동화를 썼고, 글짓기해서 받아온 상장으로 도배를 했을 정도였다

소설
태백산맥의 무대
벌교
문덕면
벌교역

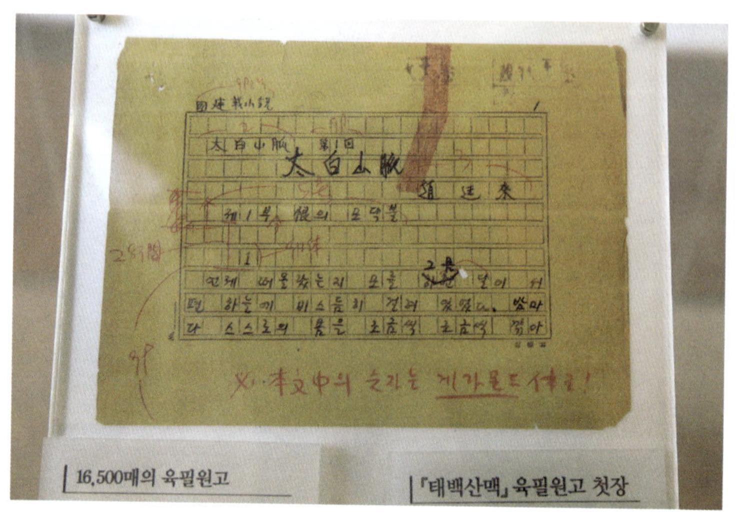

장편소설은
외로움의 고통을 작가 혼자 견디는 시간,
그 무섭고도 긴 싸움의 또 다른 이름이다.

고 한다. 그러니까 태백산맥의 모티브는 어린 시절 작가가 보아온 여러 인물의 캐릭터, 벌교의 기운, 듣고 자란 이야기 등이 무의식과 의식을 오가며 작가의 몸속에서 자라온 것이 아닐까? 준비가 4년, 집필이 6년이라는데, 집필을 하는 동안에도 보충해야 할 자료와 검증을 끊임없이 반복했을 테니 계획과 준비가 전 집필 기간의 50퍼센트 이상이라 생각해도 무방할 것이다. 전시된 카메라와 사진, 손수 그린 벌교 읍내, 지리산 일대 약도는 작가의 꼼꼼하고 철저한 성격이 드러난다.

드디어 시작된 집필! 육필 원고의 첫 장은 말로 표현할 수 없는 뭉클함이 있다. 지금은 컴퓨터로 집필 작업을 하기 때문에 결과물이 깔끔하지만, 원고지 시대의 것은 다르다. 첫 장에 펜을 올렸을 때의 비장함, 정성 들인 글씨체, 초안 위에 올린 빨간 수정 흔적…. 그럼에도 불구하고 무언가 고행이 시작되고 있는 듯한 안타까움은 글을 써본 사람만이 느낄 수 있는 동의의 감성일 수도 있겠다.

전시실에 걸려 있는 한복 한 벌도 의미하는 바가 있다. 오랜 시간 집필을 하다보니 몸을 조이는 옷마저도 작가에게 부담이 되었다는 것. 이와 비슷한 게 필기구다. 원고에 쓰였던 영광의 만년필도 볼 만하지만, 집필 기간이 길어짐에 따라 점차 가벼운 필기구를 썼다는 안내문과 가벼운 볼펜들. 이쯤 되면 작가를 '우아한 글쟁이'쯤으로 생각했던 범인의 시각이 경솔한 편견이 아니었을까 다시 생각하게 된다.

그렇게 탄생한 〈태백산맥〉. 이는 작품 연보가 따로 있을 정도로 그 나고 자람 자체가 또 한 편의 드라마다. 전시실에는 출간 이후 휘말렸던 이

적성 시비와 논란에 대한 이야기도 빼놓지 않았다. 그리고 마침내, 이 작품이 누린 영광스런 모습까지! 각종 수상경력, 영화와 어린이 판 등 여러 가지 형태로 개정된 모습, 일어판, 불어판으로 번역되어 백만 부 이상 팔려나간 증거를 생생히 보여주는 수십 개의 인지 도장. 이 작품의 고진감래(苦盡甘來)가 생생하게 느껴진다.

사람마다 이곳을 즐기는 방법은 다를 것이다. '작가의 삶 들여다보기, 소설의 준비와 집필 과정 살펴보기, 작품 이해하기'처럼 딱 떨어지는 것일 수도 있지만 굳이 어떤 것을 느끼려고 애쓰지 않아도 된다. 마음의 여유가 없다면 2층에 마련된 '문학 사랑방'에 들어가 아무 책이나 꺼내 읽어도 좋다. 일일이 집중하는 관람에 흥미가 없다면 문학관을 나와 소설의 배경이 된 현부자집이나 소화의 집을 구경하는 것도 좋다. 감상의 과정은 각기 다를지라도 우리는 문학이라는 매개체로 이곳에 왔다. 소설 속 등장인물의, 작가의, 책의 기운을 받으며 잠시 휴식했다면 그것으로 충분하다. SJ

태백산맥문학관

주소 전라남도 보성군 벌교읍 홍암로 89-19
전화 061-858-2992 **홈페이지** http://tbsm.boseong.go.kr
관람시간 오전 9시~오후 6시(동절기 오전 9시~오후 5시),
월요일 휴관
관람비용 어른 2,000원, 청소년 1,500원, 어린이 1,000원

비슷한. 그러나. 다른 여행지.

문학관 테마 여행은 지성과 감성을 동시에 자극한다. 작가의 삶을 들여다보는 것도 재미있고, 이를 핑계로 소설 한 권 읽어볼 수 있으니 그 여운이 오래간다. 초중고생 자녀와 함께라면 자연스럽게 흥미를 이끌 수 있는 구실이 되기도 한다.

춘천 김유정문학촌과 실레마을

29세의 짧은 생애, 그중에서도 5년 동안 30편의 작품을 쏟아낸 김유정 선생을 기념하는 곳이다. 이곳은 김유정 생가와 문학관, 테마마을로 구성된 문학촌이다. 문학관에는 연보와 작품집이 가득해 역시, '작가는 작품으로 말한다.'는 생각이 든다.

주소 강원도 춘천시 신동면 실레길 25
홈페이지 www.kimyoujeong.org

남원 혼불문학관

마을 전체가 문학마을을 이루고 있다. 그러니 온화한 마을의 기운과 친절한 사람들, 벽화와 장식을 보고 느끼며 천천히 걸어가는 것이 좋다. 문학관은 부드럽고 나지막하게 한옥 양식을 살려 지었다. 아울러 뒤에 있는 노적봉, 앞에 있는 청호 저수지 등 마을의 풍광 또한 아름답다.

주소 전라북도 남원시 사매면 서도리 522
홈페이지 www.honbul.go.kr

봉평 이효석문학관

이효석 선생의 생가와 평양집, 문학관, 메밀밭 언덕과 나귀, 물레방아 등 봉평 전체가 이효석 선생을 기념하고 있다. 언덕 위 문학관을 찾으면 커피와 클래식 음악을 좋아하셨다는 이효석 선생의 작품 세계를 만날 수 있다. '효석문화제'가 열리는 9월에는 소설 속 '소금을 뿌려놓은 듯'한 메밀꽃을 실제로 볼 수 있다.

주소 강원도 평창군 봉평면 창동리 효석문학길 73-25
전화 033-330-2700

보성에서의 1박 2일

보성 벌교지역은 볼거리와 먹을거리가 완벽한 조화를 이룬다. 특히 보성은 녹차밭이 유명하니 1박 2일 여행에서 빼놓지 말아야 한다. 초록의 싱그러운 기운도 좋고, 위로 올라갈수록 보이는 멋진 경관은 땀 흘린 사람들을 위한 선물이다. 입구의 한국차박물관에서는 차에 대한 여러 가지 정보와 함께 다례교육을 받을 수 있고, 전망대에 오르면 방금 지나온 녹차밭을 조망할 수 있다. 봄에는 녹차대축제인 보성다향제가 열린다. 이때 보성을 방문하면 자기 손으로 찻잎을 덖어 차를 만들거나 각종 녹차 관련 체험을 할 수 있다.

벌교읍에서는 소설 〈태백산맥〉 투어를 해보자. 조정래가 어린 시절을 지냈던 곳, 김범우의 집, 홍교, 남도여관, 소화다리 등 소설에 등장하는 장소를 찾아보는 게 꽤 흥미롭다.

✚ **녹차축제 홈페이지** http://dahyang.boseong.go.kr/dahyang2005
✚ **한국차박물관 홈페이지** http://koreateamuseum.kr

보성 녹차밭

낙안읍성민속마을

벌교에서 하루 머무를 생각이라면 가까운 곳에 있는 낙안읍성민속마을을 찾아보자. 조선시대 초가의 모습을 그대로 간직한 채 실제로 주민들이 살고 있다. 이곳 초가에서 민박체험을 해보는 것도 좋겠다. 280여 동의 초가집 중 성 안팎의 40여 개 집이 민박으로 운영되고 있으니 적당한 집을 골라 황토방에서 머물러 보길 권한다.

낙안읍성 홈페이지 http://nagan.surcheon.go.kr/nagan/

벌교 꼬막

〈태백산맥〉에도 자주 등장하는 꼬막은 벌교의 대표적인 먹을거리다. 이를 반증하듯 소화다리 근처부터 벌교읍과 태백산맥문학관 부근에 꼬막을 주재료로 한 음식점이 많이 있다. 11월부터 싱싱한 꼬막이 나기 시작하는데, 이곳 벌교에서는 사시사철 꼬막 음식을 즐길 수 있다. 꼬막정식이라 불리는 한 상차림은 무침, 조림, 구이, 꼬치구이, 전, 덮밥, 탕수육 등 다양한 맛을 선보인다. 주변 지역에까지 유명해져서 벌교뿐 아니라 순천, 보성 일대에도 꼬막정식을 맛보러 오는 여행자들로 붐빈다.

• 거시기 꼬막식당
거시기정식 15,000원, 꼬막정식 12,000원, 백반 6,000원
주소 전라남도 보성군 벌교읍 벌교리 871-8
전화 061-858-2255

• 태백산맥 현부자네 꼬막정식
특꼬막정식 22,000원, 꼬막정식 15,000원, 갈치조림 13,000원
주소 전라남도 보성군 벌교읍 회정리 383-1
전화 061-857-7737

머물기

몸과 마음을 재충전하는 시간

옛 마을 걷기의 즐거움
고 성 왕곡마을

Healing point
정감 어린 전통마을에서의 하룻밤
☞ 마을길 구석구석 돌아보기
☞ 송지호까지 나들이 다녀오기
☞ 더불어 사는 옛사람들의 지혜 엿보기
강 원 도
고 성 군

담 없어도
걱정 없이 산다

　　고성 왕곡마을로 들어가는 길은 숨겨진 골짜기로 가는 듯 은밀하다. 송지호 둘레를 따라 한참을 걸어야 한다. 송지호는 석호다. 강물이 바다와 만나는 하구에 퇴적물이 쌓이고 쌓여 어느 날 호수가 되었다. 송지호는 겨울 철새들의 서식지인데 길가 쪽에 철새관망타워가 있다. 호수를 한 바퀴 빙 둘러 걷는 길도 있다.

　　송지호 너른 호수 뒤편에 그리 높지 않은 산이 다섯인데 그 한가운데 마을이 있다. 야트막한 언덕을 넘기 전까지 마을이 있는지조차 모른다. 마을 지형이 배가 바다와 호수를 거쳐 마을로 들어오는 모습이라 하여 방주형의 길지로 꼽는다. 수백 년 동안 전란과 산불 피해가 없었다니 정말 길지라고 할 수 있다. 마을에 우물이 없는 이유는 배에 구멍이 나면 가라앉기 때문이란다.

　　마을의 역사는 6백 년이나 된다. 고려 말 조선의 건국에 반대하고 두문동으로 들어간 72현 가운데 한 사람인 함부열이 간성으로 낙향하였는데 손자 함영근이 이곳 왕곡마을에 정착하며 마을을 이뤘다. 이후 양근 함씨와 강릉 최씨, 용궁 김씨가 세 마을에서 집성촌을 이루며 살아왔다.

산에서부터 흘러내리는 개울을 따라 큰길이 있고 개울과 길 양쪽으로 집들이 있다. 마을 옆에는 너른 들이 있다. 짐을 풀고 마을길을 걷는다. 이상한 것이 집에 담이 없고 그러니 대문도 없다. 마당이 훤히 들여다보인다. 길인지 마당인지 구분이 가지 않는 집도 있다. 집성촌이라더니 정말 옆집 숟가락 개수까지 셀 만하다.

마을의 집들은 북방식 전통한옥이다. 특징이 부엌에 가축우리가 붙어 있는 ㄱ자형이다. 한겨울 추위를 소와 사람이 함께 견디며 사는 것이다. 굴뚝도 독특한데 꼭대기에 항아리를 엎어놓았다. 불꽃이 튀어 초가에 옮

겨붙는 걸 피할 수 있고 열기가 안으로 모이는 효과도 있단다. 추위를 피하는 게 우선이니 남도의 집들처럼 트인 맛은 없는데 대신 아늑하다.

집 앞쪽으로 담이 없는 이유는 한겨울 바람과 눈 때문이다. 얼핏 생각하기에 담이 눈바람을 막아줄 듯한데 그게 아닌가보다. 사는 사람들이 하는 말이니 맞을 것이다. 대신 부엌에서 들어가는 뒷마당은 높은 담을 둘렀다. 여인들이 활동하는 공간이다. 밖에서 보지 못하게 두른 것이니 함부로 들어가면 안 된다. 뒷담은 차디찬 북풍을 막아주는 구실도 한다.

전통마을에 대한 관심이 높아지며 이름이 난 마을들이 여럿이다. 왕곡마을은 그 가운데서도 아직 많이 알려지지 않은 축에 든다. 안동 하회마을, 경주 양동마을, 남사예당촌 등 이름난 사람들을 배출한 몇몇 마을과 달리 은둔자의 삶을 이어가며 조용히 살아온 마을이기 때문에 그럴 것이다.

마을에서 무얼 할까. 떡 메치고 두부 빚고 한과를 만드는 체험을 할 수 있다. 하지만 꼭 뭘 해야 할 이유는 없다. 그저 하루 머무는 것만으로도 족하다. 머릿속에 온갖 것들이 엉켜 있을 때 재부팅하고 싶은 생각이 든다. 생각을 재부팅하기. 그게 옛 마을에서의 하룻밤이다.

마을이 사라진다.
단지 내가 사는 집만 있을 뿐.
우리가 잃은 것은 마을이 아니다.
마을에서 어울려 살았던 삶도 잃었다.

마을에 하룻밤 머물 수 있는 집들이 몇 군데 있다. 이 마을에서 잘 때는 스마트폰을 끄기로 하자. 우리가 잃어버린 것은 풍경만이 아니다. 삶이다. 지금은 애써 만나서는 같은 자리에 앉아서 각자의 스마트폰을 들여다본다. 누군지도 모르는 사람들과 SNS를 하느라 눈앞에 있는 사람이 무슨 생각을 하는지 어떤 기분인지 신경 쓸 겨를이 없다. 앞에 있는 사람이 나와 더불어 살아가는 사람인데. 대체 어쩌다 이리 됐을까. 그러니 꼭 스마트폰을 끄고 옆 사람과 도란도란 이야기를 나눠보자.

마당에 앉아서 밤하늘을 바라보노라면 멀리 바다에서 짭조름한 밤바람이 밀려든다. 어쩌면 마당 나뭇가지에 걸린 생선이 바람에 씻기는 걸지도 모른다. 두둥실 뜬 달빛에 옆 들의 곡식이 익어간다. 이따금 뒷산에서 들려오는 밤새 날갯짓 소리, 옆집 헛기침 소리에 밤이 깊어간다. 새벽에는 일찍 호수에 나가 낚싯대를 드리워야겠다. MH

왕곡마을은 사람들이 거주하는 마을이다. 담이 없다고 아무 곳이나 불쑥불쑥 들어가면 안 된다. 낮에는 일을 나가 빈집도 많은데 실례일 수 있다. 마을 한가운데 식사를 하는 집이 있을 뿐 흔한 편의점도 없다. 간식 등을 잘 챙겨야 한다. 송지호와 왕곡마을은 속초시와도 가깝다. 속초의 명소를 여행하고 간성 청간정과 천학정을 둘러본 후 송지호철새관망타워와 왕곡마을을 찾는 일정도 추천할 만하다.

주소 강원도 고성군 죽왕면 오봉리
전화 033-631-2120(왕곡마을 보존회)
홈페이지 www.wanggok.kr

비슷한. 그러나. 다른 여행지.

전통마을 중에는 이름이 나서 옛 모습은 있되 정취는 사라진 곳들도 있다.
관광지화된 전통마을은 왠지 정이 가지 않는다. 옛 모습은 덜할 지라도
정감을 간직한 곳, 크기는 작더라도 전통의 느낌을 간직한 세 곳이다.

함양 개평마을

함양 땅 깊숙이 숨은 마을은 세월이 비껴간 듯하다. 두 개울이
합쳐지는 곳에 마을이 있어 낄 개(介)자 형상을 하고 있기에 개
평마을이라 한다. 조선 초기에 이뤄진 마을인데 영남 사림을
대표하는 정여창의 고향이다. 문화재로 지정된 고택들이 여럿
남아 있는데 그중 일두고택은 1570년 정여창의 생가에 지어진
이후 여러 차례 중건되었다.

주소 경상남도 함양군 지곡면 개평리 **전화** 055-963-9645

나주 도래마을

마을이 산줄기를 따라 내 천(川)자를 이뤄 도래마을이라 부른
다. 조선 초기에 마을이 생겼는데 중기부터 풍산 홍씨가 집성
촌을 이뤄 살았다. 자연과 문화유산을 매입해 지키는 시민운
동 한국내셔널트러스트재단에서 근대 한옥 한 채를 관리하며
사람들을 맞는다. 재단에서 운영하는 도래마을옛집에서 한옥
체험을 할 수 있다.

주소 전라남도 나주시 다도면 풍산리 **전화** 061-336-3675

산청 남사예담촌

경북에 하회마을이 있다면 경남에는 남사마을이 있다고 자랑
할 만큼 풍광이 뛰어나고 수많은 인재를 배출한 마을이다. 지
리산 천왕봉 줄기가 흘러와 솟은 니구산 아래 넓은 들이 펼쳐
지는데 그 가운데 있다. 마을을 둘러 천이 지나는데 고가와 좁
은 돌담길 등이 마치 옛 조선 마을을 걷는 듯한 느낌을 준다.

주소 경상남도 산청군 단성면 남사리 281-1
전화 055-972-7107

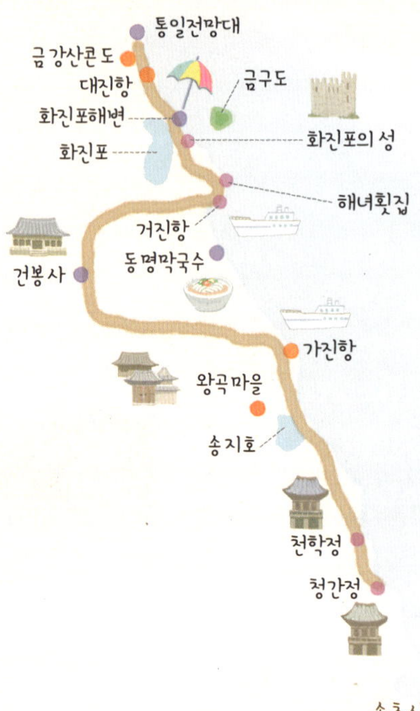

고성에서의 1박 2일

고성은 예부터 풍광이 뛰어나기로 이름난 고장으로 청간정과 삼일포는 관동팔경으로 손꼽힌다. 지금은 거진항과 가진항, 대진항 등 고깃배가 활발하게 드나드는 어항과 화진포해변, 통일전망대, 금강산 건봉사 등이 많이 알려진 여행지다.

화진포해변은 석호 화진포와 화진포해변, 앞바다의 금구도 등이 어우러진 풍경이 아름다워 화진팔경을 따로 지어 부를 정도다. 금구도는 광개토대왕릉이라는 설이 얽혀 있어 더욱 신비하다. 해변 옆으로 김일성별장으로 알려진 화진포의 성과 해양박물관이 있어 가족여행지로도 알맞다. 건봉사는 한국전쟁 때 불이문만 남기고 완전히 불에 타버렸던 터에 지은 사찰이다.

명태의 주산지 거진항은 고기잡이배들로 붐비는 항구다. 어선들이 싣고 온 고기들을 풀어놓으면 이를 손질하는 바쁜 움직임에서 절로 삶의 활력이 전해온다. 마을 언덕 등대 쪽으로 올라가면 화진포까지 가는 해파랑길을 탈 수 있다.

거진항

왕곡마을

왕곡마을 전통한옥 중 머물 수 있는 집이 7채다. 작은백촌집, 큰백촌집, 큰상나말집, 성천집 등 옛 댁호를 그대로 쓰고 있어 더욱 정겹다. 집마다 객실 수와 묵을 수 있는 인원이 다르고 편의시설이 다르니 홈페이지에서 미리 확인하는 게 좋다. 마을에서 숙박과 함께 전통문화체험 프로그램도 운영한다.

홈페이지 www.wanggok.kr

금강산콘도

고성에는 크고 작은 해변이 곳곳에 있다. 해변 주위로 펜션이나 리조트가 꽤 있는 편인데 그 시설이 제각각이다. 이름만 펜션인 민박형부터 잘 단장한 펜션까지 다양하니 인터넷 검색 발품을 팔아야 한다. 금강산콘도는 화진포해변 근처 통일전망대 가는 길가에 있어 일단 교통이 편리하다.

주소 강원도 고성군 현내면 마차진리 239
전화 033-680-7800 **홈페이지** www.mibong.co.kr

도루묵찌개

고성은 해안지방이다. 고성의 맛을 이야기하라면 명태, 물회, 털게 등 제철 해산물이라 하고 싶다. 굳이 별미를 소개하자면 겨울철에 잡히는 알밴 도루묵으로 끓인 찌개다. 알이 꽉 찬 도루묵찌개는 보기에는 먹음직한데 솔직히 양념 맛이다. 손맛에 따라 다르다는 이야기다.

• 거진항 해녀횟집
도루묵찌개 20,000원
주소 강원도 고성군 거진읍 거진리 32-7 **전화** 033-682-7775

막국수

강원도에서 가장 흔한 음식 가운데 하나가 막국수일 것이다. 이름은 같지만 지방마다 맛은 다르다. 고성 막국수는 육수 대신 동치미국물에 말아먹는 게 특징이다. 시원한 동치미 국물에 쫄깃쫄깃한 메밀면을 툭툭 끊어 먹는다. 고성 해안을 따라가는 7번 국도 길가에 막국수집들이 드문드문 있는데 대체로 내력이 깊은 집들이다. 송지호 부근 백촌막국수(033-632-5422), 거진항 인근 동명막국수 등이 사람들 입에 많이 회자되는 집이다.

• 동명막국수
막국수 6,000원
주소 강원 고성군 거진읍 반암리 23-1 **전화** 033-682-5033

홍천 힐리언스 선마을

Healing point
힐링의 진정한 의미를 찾는 순간
☞ 명상과 요가 체험하기
☞ 인디언 캠프에서의 밤
☞ 소통 중독에서 벗어나기

강 원 도
홍 천 군

네트워크 세상에서
대자연 속으로

휴대폰이 안 된다고? TV도 없어? 전화도 없고? 남녘 끝 마라도에서 휴대폰으로 짜장면을 시켜먹는 세상에 대체 뭐람. 홍천 힐리언스 선마을은 하룻밤 머무는 비용이 만만치 않다. 대형 액정화면 TV가 아니라 영화 스크린까지 설치한다 해도 모자랄 텐데. 아무것도 없다니.

아무것도 없지는 않다. 명상을 할 수 있는 공간이 있고 온천과 사우나, 풍림욕을 즐길 수 있는 스파 시설이 있고 인디언들처럼 모닥불을 피우고 도란도란 이야기할 수 있는 캠프파이어 시설도 있다. 피트니스센터도 있고 양지바른 창가에서 책을 읽을 수 있는 책상도 있으며 밤하늘 별을 볼 수 있는 망원경도 있다. 적지 않은 시설이다. 그런데도 아무것도 할 수 있는 게 없다고 느껴지는 건, 왜일까?

힐리언스 선마을은 양평에서 홍천 넘어가는 산골에 있다. 입구는 좁은 계곡인데 안으로 들어가면 널따란 분지 같은 기슭이 펼쳐진다. 화전민이 살았을 법한 터다. 아래쪽 주차장에 차를 세우고 건물들이 있는 곳까지 걸

너와 나 그리고 또 다른 너
또 다른 나와 제 3의 너
SNS 네트워크 세상에서 벗어나
대자연 앞에 홀로 선 나.

어 올라가야 한다. 한가운데 건물들이 있고 주위로 산 정상까지 이어지는 숲길이 그물처럼 뻗어 있다.

휴대폰 신호가 잡히지 않는다. 왠지 불안하다. 세상으로부터 소외된 느낌이랄까. 이제 뭘 하지? 아무것도 할 수 없다는 생각마저 든다. 네트워크 중독이라는 단어가 불현듯 떠오른다. 트위터, 페이스북, 스마트폰이 없던 몇 년 전에는 대체 뭘 하고 살았던 것일까. 밤 열 시 모든 등이 꺼진다. 칠흑같이 어두운 숲속에 별이 뜬다.

힐리언스 선마을은 2006년 기획하여 차근차근 발전시켜가고 있는 힐링 프로그램의 산실이다. 자연 속에서 지내며 몸과 마음의 조화와 균형을 유지할 때 우리 몸은 자연치유력이 살아나고 잃었던 건강도 찾을 수 있다. 도시에서 살며 몸에 밴 습관들은 신체는 물론 마음까지 병들게 한다.

불야성 같은 도시의 밤에서 우리는 불면증을 앓고 양껏 포식을 한다. 몸을 움직이는 운동은 게으름을 피우면서도 술자리는 열심히 찾아간다. 살아가며 생기는 병들은 결국 자기 자신이 불러온 것이다. 어딘가 아파서 병원 문턱을 넘어설 때는 이미 늦다. 힐리언스 선마을은 도시인의 생활습관을 바꿔 자연과 몸과 마음이 조화를 이루는 새로운 습관을 심어주는 프로그램이다.

2박 3일 정규 프로그램은 체성분을 측정하여 몸 상태를 아는 것부터 시작한다. 명상과 요가, 숲길 산책과 황토찜질방이나 스파체험, 100세 운동법, 모닥불 피우고 담소 나누기 등의 프로그램이 있는데 대부분 자율에 맡긴다. 강의와 생활 요가 등을 지도하는, 꼭 필요한 시간 외에는 스스로 알아서 하도록 하는 것이다.

네트워크에서 내려오니 그제야 내가 보인다. 자연 속에서 나는 살아 있는 하나의 생명임을 깨닫는다. 자유로운 생명을 모질게 다그쳐가며 살아야 했던 이유가 대체 무엇일까. 올바른 건강습관을 위해선 삶의 가치관도 바꿔야 한다. 힐리언스 선마을에서 자연의 순리에 따라 살아가는 법을 배운다.

할 일이 없으니 숲길도 걷고 편백나무 욕조에 몸을 담그기도 하고 그러다 명상에 젖어들기도 한다. 시간은 잘도 흘러간다. 이상스레 가지고 온 책도 좀처럼 들여다볼 생각이 나지 않는다. 머리는 비우고 오로지 몸의 충만감을 위해서 온종일 시간을 쓴다. 마음이 편하니 얼굴이 밝아진다. 이렇게만 살면 좋겠다. 이제는 도시로 갈 일이 엄두가 나지 않는다. MH

힐리언스 선마을은 동양의 선과 명상, 요가와 서양의학이 접점을 이룬 곳이다. 정규 프로그램 외에 기업 및 단체 프로그램 등 다양한 프로그램을 운영하는데 비용이 만만치 않다. 숲속의 하루라는 일일 프로그램에 참가해보고 정규 프로그램을 선택하는 것도 만족도를 높일 수 있는 방법이다.

주소 강원 홍천군 서면 중방대리 7
전화 033-434-2772 **홈페이지** www.healience.co.k

비슷한. 그러나. 다른 여행지.

휴식을 목적으로 시설을 찾을 때 암 등 난치병 환자들을 대상으로 하는 곳인지
일반인들의 휴양을 위한 곳인지 알아봐야 한다. 힐링에 대한 관심이 높아가지만
일반인들이 휴식만을 목적으로 편하게 다녀올 만한 곳은 의외로 많지 않다.

포천 허브아일랜드 허브힐링센터

포천 허브아일랜드에서 운영하는 허브힐링체험 프로그램이다.
체질 상담을 하고 허브엑기스와 아로마 입욕체험, 허브와 건초
세라믹 해독체험, 허브오일체험을 한다. 허브향 가득한 펜션과
허브박물관, 공방 등이 있어 1박 2일 허브향에 묻혀 몸과 마음
의 휴식을 얻을 수 있다.

주소 경기도 포천시 신북면 삼정리 517-2
전화 031-535-6497 **홈페이지** www.herbisland.co.kr

양평 황토힐링캠프

황토구들방과 황토찜질방을 갖추고 황토장수촌이라는 이름으
로 운영하다 황토힐링캠프로 바꾼 곳이다. 가족이나 단체 위
주로 1박 2일 일정의 프로그램을 운영한다. 숲길 산책과 떡 메
치기, 캠프파이어 등 대개 아이들과 함께할 수 있는 재밌는 체
험거리들이다. 첫날 저녁은 참나무 바비큐, 이튿날은 산채정
식이 나온다.

수소 경기도 양평군 서종면 명달리 323-8 **전화** 031-773-3888

경주 꽃마을한방병원

한방과 현대의학 협진병원인데 1박 2일 건강과 관광을 결합시
킨 헬스투어 프로그램을 운영하고 있다. 정원이 넓은 한옥은
병원 느낌이 들지 않는다. 첫날 오전에 도착해 혈액검사와 한
방검사 등을 하고 점심 후 투어 프로그램 담당자가 안내하는
경주관광을 한다. 식사와 숙소도 병원에서 예약해준다.

주소 경상북도 경주시 탑동 46-1
전화 054-775-6600 **홈페이지** www.conmaulkj.co.kr

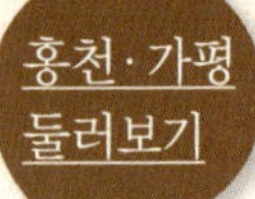

홍천에서의 1박 2일

힐리언스 선마을의 주소지는 홍천이지만 위치는 가평과 양평 바로 옆이다. 이런 이유로 홍천보다는 가평이나 양평 쪽 여행지를 둘러보는 편이 낫다. 산골 지방도를 타고 다니는 만큼 모두 돌아다니기는 힘드니 동서남북 한 방향을 선택해 다녀야 한다.

힐리언스 선마을 가기 바로 전에 홍천강 모곡유원지가 있다. 기암절벽을 돌아가는 넓은 강변에서 물놀이를 할 수 있는 곳이다. 홍천 팔봉산관광지와 대명 비발디파크도 자동차로 30분 거리 이내에 있다.

설악IC 반대편 쪽으로 달리면 청평호가 나온다. 모터보트와 수상레저를 즐길 수 있는 곳이다. 청평대교를 건너 쁘띠프랑스까지 다녀오는 것도 생각해볼 만하다. 드라이브 코스로 소개할 만큼 길도 좋고 시간도 많이 걸리지 않는다.

가을철 양평 쪽으로 간다면 용문산 용문사를 들러보자. 수령이 무려 1천 1백 년에 이른다는 용문사 은행나무는 살아 있는 화석이라 불린다. 우리나라에서 가장 나이 많은 은행나무이기도 하다.

모곡유원지

힐리언스 선마을

힐리언스 선마을의 숙소는 친환경자재로 지었다. 침구류도 모두 황토물을 들이는 등 자연친화적인 공간이다. 고급스런 욕실과 비데 등 필요한 건 현대식으로 잘 갖춰져 있다. 에어컨은 없지만 대신 천정에 유리창을 내서 별을 볼 수도 있다. 거실 옆에 통창을 내고 정원 공간을 끌어들인 것도 특이하다.

주소 강원 홍천군 서면 중방대리 7
전화 033-434-2772 **홈페이지** www.healience.co.kr

대명비발디파크

힐리언스 선마을 입구에서부터 대명리조트까지 가는 길 곳곳에 그림 같은 펜션들이 무수하다. 대명리조트도 30분이 채 안 걸린다. 여름이라면 오션월드, 겨울이라면 스키장에서 하루 재밌게 보내고 하루는 힐리언스 선마을 일일 프로그램을 체험해보는 건 어떨까 싶다.

주소 강원도 홍천군 서면 팔봉리 1290-14
전화 1588-4888 **홈페이지** www.vivaldipark.com

힐링 푸드

두부요리

황토밭손두부는 설악면에서 힐리언스 선마을로 가는 길에 있다. 이름처럼 황토로 바른 집인데 두부전골, 비지장, 순두부, 두부찜, 두부부침, 삼겹살두부전골 등 다양한 두부요리를 만날 수 있다. 직접 재배한 쌀과 콩, 배추와 근처에서 난 산나물로 차린 상이 시골밥상 느낌이 물씬 난다.

• **황토밭손두부**
황토밭정식(2인 이상, 1인분) 13,000원
주소 경기도 가평군 설악면 창의리 420-7 **전화** 031-585-3248

청국장

청평댐 부근에 있는 청국장집이다. 30분 거리면 찾아가서 맛볼 만한 집이다. 직접 띄운 청국장을 재래식으로 끓여내는데 뒷맛이 개운하다. 김치와 나물 등 기본 찬도 깔끔하고 청국장도 푸짐하다. 정식을 시키면 제육과 생선구이 등도 나오니 청국장이 입에 맞지 않는 사람도 먹을 수 있다. 갈치조림, 두부전골도 한다.

• **숙이네 청국장**
청국장 정식(2인 이상, 1인분) 14,000원
주소 경기도 가평군 청평면 청평리 715 **전화** 031-584-3249

숲에서 숲을 보며 즐기는 스파
제 천   리 솜 포 레 스 트

Healing point
몸과 마음에 활력을 불어넣는 휴식
☞ 노천 스파 즐기기
☞ 숲을 산책하며 삼림욕하기
☞ 별 보는 카페에서 커피 마시며 음악 듣기

충청북도
제 천 시

물과 숲의 치유력에
내 몸을 맡긴다

　눈을 감고 물에 몸을 맡긴다. 누군가에게 나를 맡긴다는 것은 무슨 뜻인가. 마음을 내려놓는다는 이야기다. 마음을 놓음으로써 살아가며 맺힌 응어리들 또한 저절로 풀린다. 물에 녹아들어 사라지고 만다. 물이 왜 치유의 힘을 가진 존재인지 알 것 같다.

　제천 리솜포레스트는 구학산과 주론산이 흘러와 만든 분지형 계곡에 있다. 분지 한가운데 스파 시설과 호텔이 있고 산기슭 숲속 곳곳에 빌라들이 마을을 이룬다. 빌라가 2백여 동에 이르고 호텔은 197객실인데 회원제로 운영한다. 회원이나 회원이 동반한 사람들만 묵을 수 있다. 스파 시설은 누구나 이용할 수 있지만 개장한 지 얼마 되지 않은데다 제천 산속에 있어 아직은 찾는 사람들이 많지 않다.

　그래서 더욱 좋다. 평일에 찾으면 마치 나만을 위한 시설 같다. 리조트를 운영하는 사람들은 더 많은 사람들이 오기를 바라겠지만 이용하는 입장에서는 나만의 스파로 오래오래 남기를 바랄 뿐이다. 수도권에서 멀지

하늘에 구름이 지나고 물에 숲이 담긴다.
푸른 숲이 일렁이는 물 위에 마음을 눕힌다.

비우기 / 채우기 / 머물기 / 떠나기

않다. 제천이라지만 충주와 제천을 경계 짓는 박달재 부근에 있어 양재역에서 한 시간 반이면 충분하다.

스파는 해브나인이라 부른다. 아홉 가지 컨셉의 힐링프로그램을 담았다며 붙인 이름이다. 아쿠아힐링, 에코힐링, 마인드힐링, 한방힐링 등등모두 열거하기엔 벅차다. 어쨌거나 초점은 힐링에 맞춰져 있다. 갖가지컨셉의 탕과 사우나 시설을 하나하나 다니며 체험을 하는데 꽤 시간이 걸린다. 하루에 다 돌아보기란 아무래도 무리다. 물 위에 탁자를 세워 발을첨벙이며 음료수나 간식을 먹을 수 있는 공간이 눈길을 끈다.

스파를 하다보면 몸이 가라앉는다. 지친 것과는 다른데 어쨌거나 오래하면 몸이 나른하게 내려앉는다. 숲으로 갈 때가 된 것이다. 스파를 나와뒤편 언덕을 오른다. 아담한 숲길이 이리저리 나 있다. 모두 둘러보려면한나절로도 부족하다. 한 시간 남짓 걷는 코스를 택해 중간에 쉬는 게 낫다. 길 이름도 정겹다. 소소리바람길, 포르르솔래길, 가재기는골짝길, 수런수런개울길 등등 이 모두를 에코힐링 트레킹이라 부른다. 그 흔한 전봇대 하나 없는 길이다.

숲은 피톤치드와 온갖 풀 내음으로 가득 차 있다. 한 숨 한 숨 깊이 밀려오는 길을 걷다보면 나무 의자도 나오고 앉아서 명상을 할 수 있는 나무그루터기도 나온다. 한 가지 특이한 점은 가는 길 내내 음악이 따라다닌는 것이다. '어디서 나오는 거지?' 하고 유심히 살펴보니 바위로 위장한 스피커들이 군데군데 놓여 있다.

숲길을 걷다가 별똥카페를 만난다. 높은 능선에 있는 카페는 삼면이 통유리다. 커피향이 가득한 카페 한편에 서가가 있다. 집히는 대로 책을 골라 자리에 앉아 넘겨본다. 진한 커피 한 잔을 마실 동안 해는 서산 너머 갔다. 카페테라스에 앉으면 멀리 산 밖의 세상이 보인다. 머물 수 없다는 것이 아쉽긴 하다. 숲길을 따라 내려오는데 흘러나오는 음악이 드라마 〈시크릿 가든〉에 나오는 테마곡이다. 드라마에서 남녀 주인공이 걷던 숲길이다. 남녀의 몸이 바뀐다는 황당한 설정이 재밌었는데. 그런데 몸이 바뀐 걸까, 영혼이 바뀐 걸까. 새삼 궁금하다.

많은 스파들이 물이 지닌 치유의 힘을 빌려 힐링을 이야기한다. 그 힘을 제대로 누리려면 그에 맞는 공간과 시설이 중요하다. 한여름 워터파크처럼 사람들이 몰리는 곳은 재미라면 모를까 힐링과는 거리가 멀다. 조용히 물에 몸을 맡기고 교감을 나눌 만한 곳. 평일 제천 리솜포레스트가 그런 곳이다. MH

제천 리솜포레스트는 38번 국도 박달재가 있는 백운면에 있다. 대중교통으로 리솜포레스트를 찾으려면 제천역까지 와서 셔틀버스를 타면 된다. 스파는 힐링스파와 뷰티스파로 나뉘는데 힐링스파는 입장료를 내고 스파 시설을 이용하는데 스파라운지, 아쿠아바, 찜질방, 사상체질 스파 등 유료시설은 따로 이용료를 낸다. 뷰티스파는 피톤치드 바디 트리트먼트 등 전문가에 의한 적극적인 치유 프로그램이다.

주소 충청북도 제천시 백운면 금봉로 365
전화 043-649-6000
홈페이지 www.resomforest.com

비슷한. 그러나. 다른 여행지.

웰빙 바람이 불며 전국 각지에 스파 시설도 대폭 늘었다. 여행도 하고 스파도 즐기는 좀 색다른 여행지가 없을까 생각하는 사람들을 위해 추천할 만한 세 곳이다. 여행지로 이미 이름난 곳들인데다 스파 또한 남다른 이색적인 테마를 가지고 있다.

고창 석정휴스파&힐링카운티

게르마늄 온천수를 이용한 스파 시설과 물놀이장을 갖춘 가족형 휴식공간이다. 게르마늄온천은 피부미용과 노화방지 등의 효과가 있다. 고창의 황토와 편백나무를 이용해 지은 펜션단지 힐링카운티 또한 건강과 치유에 초점을 맞춰 운영하고 있다.

주소 전라북도 고창군 고창읍 석정리 733
전화 063-560-7500(온천), 063-560-7300(펜션)
홈페이지 www.huespapension.com

진안 홍삼스파

홍삼과 음양오행의 원리를 적용한 한방 프로그램이 특징이다. 다양한 테라피를 받을 수 있는 데스티네이션스파와 가족 친구들과 즐기는 퍼블릭스파를 운영한다. 개인의 체질을 진단하고 그에 맞는 스파를 권해주는 데스티네이션스파는 심신의 치유를 목적으로 한다. 옥상 정원에 노천풀도 갖췄다.

주소 전라북도 진안군 진안읍 외사양길 16-10
전화 063-433-0393 **홈페이지** www.redginsengspa.kr

경주 스파펜션

신라의 고도이자 관광도시 경주에 고급스런 스파 시설을 갖춘 스파펜션들이 꽤 많다. 대개 가족, 연인들이 물놀이를 즐길 수 있는 실내풀장을 운영하며 각 방마다 별도의 프라이빗스파 시설이 있다. 홈페이지에서 미리 알아보고 가는 게 좋다. JS리조트는 개별 스파와 노천스파를 갖춘 고급스런 인테리어로 인기가 있다.

• JS리조트
주소 경상북도 경주시 천북면 물천리 909-14
전화 054-741-1004 **홈페이지** www.jsresort.kr

제천에서의 1박 2일

리조트 인근 여행지를 둘러보려면 충주와 원주를 넘나들게 된다. 리조트에서 20분 거리에 있는 덕동계곡은 아직은 많이 알려지지 않은 계곡이다. 맑은 물이 흐르고 숲속의 휴식공간이 잘 되어 있는 덕동휴양림이 있다. 천주교 신자라면 리조트 가까이 있는 배론성지를 찾아볼 만하다. 원주 신림면 쪽으로 가는 길을 따라가다 보면 구학산 아래 신림참숯가마가 있다. 숯가마찜질시설이 있는데 백탄을 구워내는 곳이니 믿을 만하다. 박달재옛길 드라이브도 추천한다. 터널이 나며 구불구불 넘던 옛길은 한적한 도로가 됐다. 영화 〈박하사탕〉 촬영지로 알려진 삼탄유원지도 사람들이 많이 찾지 않는 가볼 만한 곳이다.

충주 쪽으로는 38국도를 타고 올라오다 양성온천지구를 들러볼 수 있다. 약간 차갑게 느껴지는 탄산수에 몸을 담그면 곧 몸에서 열이 솟는다. 온천지구 앞에 양성한우직판장이 있는데 원하는 부위를 사서 주위 식당에 가면 1인 3천 원 상차림비용을 내고 구워 먹을 수 있다.

덕동계곡

박달재자연휴양림

리솜포레스트는 회원제 리조트라서 일반인이 숙박시설을 이용할 수 없다. 다행스럽게도 입구에 박달재자연휴양림이 있다. 자연휴양림 숲속의 집에 묵으면서 리솜포레스트 스파를 이용하면 저렴하면서도 쾌적하게 여행을 즐길 수 있다. 바비큐 시설과 숲 산책로, 계곡 등이 있어 휴식을 취하기에 적당하다.

주소 충청북도 제천시 백운면 평동리 산71
전화 043-652-0910 **홈페이지** http://baf.cbhuyang.go.kr

펜션 아름다운세상

덕동계곡에 있는 꽤 연륜이 있는 펜션이다. 계곡 바로 옆이라 물놀이를 즐길 수 있다. 브룩클린이라는 맥줏집도 운영한다. 덕동계곡에 펜션이 많이 늘었는데 대부분 시설이 깔끔하고 외관들도 멋지다. 계곡 끝에 있는 원덕동 마을과 중간쯤에 캠핑을 할 수 있는 야영장도 있다.

주소 충청북도 제천시 백운면 덕동리 223 **전화** 070-8767-7451 **홈페이지** www.duckdongvalley.com

약채락비빔밥

제천은 한방도시를 자처한다. 약채락비빔밥은 제천시에서 개발해 식당들이 공동으로 사용하는 맛 브랜드다. 신안천일염, 백령도 까나리액젓 등 국내산 양념과 천연조미료를 사용해 무친 나물에 다진 한우 고기를 약간 얹고 황기와 오가피 등 약재가 들어간 양념고추장에 비벼 먹는다. 밥도 표고버섯 우린 물에 황기엑기스를 풀어 짓는다.

· **노다지식당**
약채락비빔밥 8,000원
주소 충청북도 제천시 화산동 661 **전화** 043-648-8865

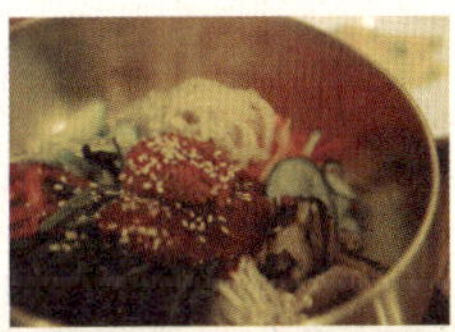

곤드레돌솥밥

리솜포레스트 스파건물 3층에 있는 해밀은 유기농인증을 받은 제천산 식재료로 조리를 한다. 고급스런 인테리어와 통창 너머 보이는 숲의 풍경이 어우러져 분위기도 좋다. 추천음식은 곤드레돌솥밥. 해밀은 곤드레를 돌솥에 담아내는데 맛이 특히 부드럽고 담백하다.

· **해밀**
곤드레돌솥밥 16,000원, 김치전골 28,000원, 간고등어구이 정식 18,000원
주소 충청북도 제천시 백운면 평동리 67-10 **전화** 043-649-6091

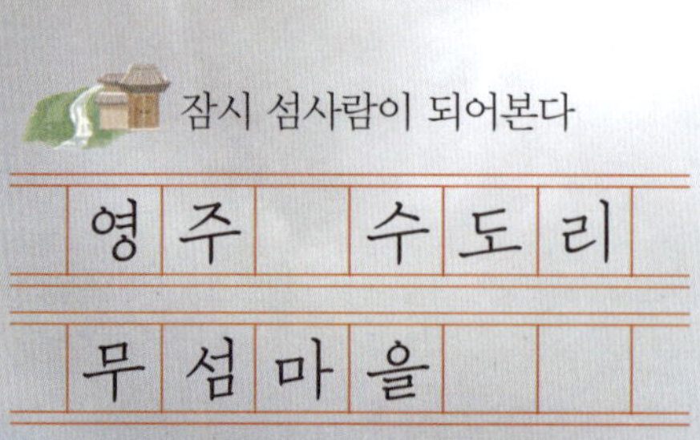

잠시 섬사람이 되어본다
영 주 수 도 리
무 섬 마 을

Healing point
육지의 섬에서 300년 전으로 돌아가 살아보기
☞ 동네 산책과 외나무다리 건너기
☞ 고택에 머물며 시골밥상 맛보기
☞ 무섬마을 이야기 듣기

경상북도
영주시

나는 지금
조선시대 어디쯤 와 있다

무섬마을에 갈 때는 준비를 단단히 하고 가야 한다. 식당이나 편의점 같은 걸 기대해선 안 된다. 동그란 마을이 강으로 둘러싸여 있어 이게 섬이지 육지처럼 보이질 않는다. 이름도 무섬마을. 낙동강 지류가 마을을 한 바퀴 휘감아 흐르는 모습이 마치 물위에 떠 있는 섬과 같다고 해서 붙여진 이름이란다. 행정구역은 수도리이지만 이곳을 그렇게 부르는 여행자는 없다.

수도리 무섬마을은 3백 년 전 문화가 고스란히 남아 있는 전통마을이다. 마을에서 가끔 마주치는 '요즘 옷'의 사람들이 어색할 정도다. 김갑진 가옥, 김광옥 가옥, 김뢰진 가옥, 박성우 가옥, 박원서 가옥… 민박 이름만 봐도 알겠다. 이곳은 김씨와 박씨 집성촌이다. 어차피 친척이고 친구들이 모여 사는 마을이니 마음에 드는 집에 가서 '방 있어요?' 하고 물어보면 될 일이다. 다리 건너 들일을 마치고 돌아오신 안주인 어르신을 만나 방을 달라 청하고, 내일 먹을 아침을 예약한다. 성공적으로 방도 얻었겠다, 짐을 풀고

평화로운 과거로의 타임슬립-

혼란했던 일상과 피로는
물을 건너며 어딘가에 빠트린 듯하다.

할 일은 해지는 외나무다리를 보러 강가로 나가는 것이다.

강가에 나오니 마을을 휘감아 흐르는 내성천을 따라 은백색의 백사장이 아름답다. 이곳은 국내 3대 물돌이마을 중 하나로, 외나무다리가 무섬마을의 방점을 찍는다. 마을의 자랑인 외나무다리는 '한국의 아름다운 길 100선'에 선정되었는데, 아마도 백 개의 길 중 가장 좁고 아슬아슬한 길일 것이다. 이 다리는 최소한 두 번은 봐야 한다. 해지는 저녁에 무섬마을 쪽에서 초저녁달과 함께 한 번, 화창한 낮에 마을 반대편으로 건너가 무섬마을을 배경으로 한 번.

위태롭게 이어진 외나무다리는 커다란 S자 곡선을 만들고, 잔잔한 강물 위로 떨어지는 햇빛은 반짝임이 유난하다. 동네 아이들은 얼마 남지 않은 햇빛 아래서 뭐가 그리 신 나는지 '까르르까르르.' 조용한 강가에 아이들 웃음소리만 하늘 위 구름까지 공명을 만든다. 두터운 은백색의 모래사장, 물살을 자랑하지 않는 내성천, 그 너머로 보이는 산… 이 평화로운 몇 겹의 호를 가로지르는 외나무다리는 멋진 풍광 속의 포인트다. 어느덧 해는 지고 강 위로 얼굴을 내민 달빛에 취한다. 이제는 민박으로 돌아갈 때.

다시 아침. 황토방에서 기절하듯 잠들었다가 새소리, 닭소리에 깨어난다. 기대하던 시골밥상은 실망을 주는 법이 없다. 직접 담근 장을 지져서 호박, 양파 툭툭 썰어 넣고 끓인 된장찌개 뚝배기와 부추전, 땅콩볶음, 나물 밑반찬. 어느새 부끄럼 많은 시골 아낙이 된 안주인 어르신은 "우리 먹는 거라 찬이 변변치 않네…." 하신다. 무슨 말씀! 이 밥상은 뚝심이 있다. 하나하나가 손맛이요, 정맛이다. 이만큼 묵직하게 속을 채워주는 밥상을

받아본 지가 얼마만인지. 여행자는 밥상까지 파먹을 기세로 아침상을 비운다.

이제 조금 익숙해진 마을로 나간다. 마을 입구 해우당은 자태가 멋진 고택이기도 하지만 여행안내소로도 쓰이고 있다. 이곳은 초가와 와가가 골고루 있어 조선시대 전형적인 마을의 모습이 그대로 남아 있고, 만죽재(晩竹齋), 해우당(海愚堂) 등 총 아홉 점의 지정문화재가 있다.

어르신들은 마을에 대한 자부심이 대단하시다. 그도 그럴 것이 무섬마을은 많은 선비를 배출하였고, 일제강점기에는 애국지사들이 탄압과 감시를 피해 이곳으로 본거지를 옮겨 애국계몽운동과 독립운동을 했다. 마을에는 농지가 없어 사람들은 강을 건너가 농사를 지었는데, 모두 부유하여 한때 마을 소유의 토지가 삼십 리 밖까지 이르렀다고 한다. 마을을 깨끗하게 보존하고자 하는 의지도 대단하여 식당을 하거나 술을 파는 등 상행위를 하기 위해선 마을보존회의 허가를 받아야 한다. 마을에 그 흔한 선술집 하나 없는 이유를 알겠다. 게다가 마을 내에서 농사를 짓지 않고 소나 돼지를 먹이지 않으니 마을이 깨끗할 수밖에.

빼꼼 열려 있는 사립문 틈으로는 주인이 가꾸는 조그만 화단이 보인다. 처마를 타고 오르는 나팔꽃, 마당을 가로지른 빨랫줄과 오종종 댓돌에 놓인 신발, 농기구와 살림살이들. 불편함을 모른 체하며 이렇게 살아주시는 것, 제대로 보존하고 가꾸고자 하는 이 마을 사람들의 의지에 감사한다.

이곳은 일상에서 버리고 싶은 것이 쌓였을 때 다시 찾고 싶은 곳, 육지 속에서 섬으로 불리는 무섬마을이다. SJ

국도를 달리다보면 강물이 휘돌아 흘러, 섬인 듯 보이는 물돌이마을들이 있다.
육지 속의 섬으로 불리는 이 마을들은 오랫동안 고립된 생활을 해온 탓에
전통의 모습과 함께 독특한 생활방식을 간직한 경우가 많다.

영월 주천강변 한반도 뗏목마을

서강의 샛강인 평창강 끝머리에 한반도가 있다. 오간재 전망대에서 남산재 쪽을 바라보면 보이는 이곳은 동쪽이 절벽이고 서쪽으로 갈수록 완만해지는 지형마저도 한반도를 닮았다. 이 마을을 좀 더 가까이서 보고 싶다면 뗏목을 타고 한반도 지형을 둘러볼 수 있다. 125명의 주민이 거주하는 이 작은 마을에 묵고 싶다면 민박 신청을 해보자.

주소 강원도 영월군 한반도면 옹정리 170-5 **전화** 010-9399-5060

예천 회룡포마을

태백산 끝 줄기에 마침표 하나가 달려 있는 듯 보이는 대표적인 물돌이동이다. 하얀 모래사장이 마을을 넓게 감싸고 마을을 휘돌아가는 내성천은 신비한 옥빛이다. 회룡대에 올라 마을을 조망한 후 걸을 때마다 소리가 난다는 뿅뿅다리를 건너 회룡포로 들어가보자. 사이트에서 민박을 예약할 수 있다.

주소 경상북도 예천군 용궁면 향석길 154
전화 054-653-6696 **홈페이지** http://dragon.invil.org

안동 하회마을

고택으로 더 알려져 있지만 물돌이마을로서의 경관 또한 빼놓을 수 없는 자랑이다. 이를 보기 위해선 부용대에 올라야 하는데, 부용대에 오르는 방법은 하회마을 나루터에서 배를 타고 강을 건너가 절벽 쪽을 타는 방법과 옥연정사 쪽에서 짧은 산행을 하는 방법이 있다. 하회마을은 안동국제탈춤 페스티벌을 비롯해 볼거리, 즐길거리가 많다.

주소 경상북도 안동시 풍천면 종가길 40
홈페이지 www.hahoe.or.kr

부석사에서 본 풍경

소수서원

영주에서의 1박 2일

점심은 선비촌 주막에 도착해서 구수한 된장찌개백반을 먹는 걸로 하자. 옛 저잣거리를 재현한 선비촌과 소수서원이 가까이 붙어 있다. 소수서원에서 경상도 선비들의 기품을 헤아려보고 이어 금성대군신단, 순흥향교 등을 찾는다. 단종 복위를 꿈꾸다 스러진 금성대군의 넋을 달래고 부석사로 떠나면 자동차로 20여 분 거리다. 하루든 1박 2일이든 영주를 여행하면 한번쯤은 부석사에서 일몰을 보자. 부석사 무량수전 지붕 너머 아득한 능선으로 해가 지는 광경은 두고두고 기억날 것이다. 죽령 옛길을 따라 걷거나 희방사 폭포를 다녀오는 것도 좋다. 근처에는 풍기인삼박물관도 생겼다.

수도리는 영주 남쪽이다. 수도리에서 중앙고속도로 영주나 예천IC까지는 25분 내외로 비슷하게 걸린다.

무섬마을 전통가옥

무섬마을의 전통가옥 16군데 정도가 민박을 운영하고 있다.
김씨와 박씨의 집성촌인 이곳은 호주의 이름을 따서 민박을
구분한다. 무섬마을 사이트에서 숙소를 확인하고 전화로 예약
할 수 있다.

주소 경상북도 영주시 문수면 수도리
전화 054-639-6062
홈페이지 www.무섬마을.com

풍기온천리조트

풍기읍 소백산 자락에 위치하고 있으며 야외온탕을 비롯해 타운하우스형 가족탕, 물놀이 시설, 최
첨단 수치료 시설을 갖추고 있다.

주소 경상북도 영주시 풍기읍 창락리 430　**전화** 054-604-1700　**홈페이지** http://taliaresort.co.kr

골동반

쉽게 말해 비빔밥이다. '남은 음식은 해를 넘기지 않는다.' 하여 섣달그믐날 남은 음식을 비벼 먹은
데서 유래했다. 이 지역에서 골동반이라 함은 비빔밥을 기본으로 한 상차림이다. 무섬마을 내에도
골동반 식당이 있지만 도시의 식당과는 운영방식이 조금 다르다. 주중에는 미리 전화해 식사가 가
능한지 문의하는 게 좋다. 무섬마을에서 머무르며 여러 끼니를 해결해야 한다면, 숙소에 미리 식사
를 요청하거나 먹을거리를 준비해 가는 것이 좋다.

• 무섬골동반
골동반 10,000원, 선비정식 15,000~25,000원
주소 경상북도 영주시 문수면 수도리 268　**전화** 054-634-8000, 070-8815-8008

도넛

풍기역 근처에 이미 전국적으로 유명해진 정도너츠 본점
이 있다. 그 때문인지 이 지역에는 도넛집이 몇 군데 더
있다. 생강도넛, 사과도넛, 인삼도넛 등 다양한 맛의 도넛
을 포장해 가려는 손님으로 문전성시를 이룬다.

• 정도너츠 본점
도넛(개당) 1,000원~, 박스 포장 6개 이상 가능
주소 경상북도 영주시 풍기읍 동부리 418-16
전화 054-636-0043

안동 금소리 금포고택

Healing point
자연스럽게 게으름에 익숙해지기
☞ 고택에 적응하기
☞ 늦은 오후의 동네 산책
☞ 종부와 이야기하기
경상북도
안 동 시

일상의 여유를
배우는 곳

고택은 멈추기에 좋은 곳이다. 흔히 일상을 내려놓으려고 어딘가로 떠나는데, 이렇게 놓는 것조차 조급함이 앞설 때가 많다. 빨리 놓고 빨리 느끼고 빨리 돌아와야 하는 우리의 현실은 잘 놓아지지 않는 것을 기다리지 않는다. 그래서 서둘러 다른 것을 채우고, 피곤한 주말을 즐거웠던 하루라 자위하며 폭풍처럼 일상으로 돌아온다.

고택에 머무른다면? 처음엔 느린 시간이 어색하고, 무언가 할 것이 없다는 게 불안하고, 그럼에도 불구하고 어느덧 해가 지고 있는 저녁이 허무하다. 순간은 천천히 흘러가지만 하루는 낮잠처럼 지나간다.

특별히 금소리의 금포고택을 택한 이유는 외떨어진 동네에 단 하나 있는 고택이기 때문이다. 금소리는 안동 시내에서 20킬로미터 떨어져 있고, 고택이 많기로 유명한 하회마을과는 안동시를 중심으로 정반대에 놓여 있다. 안동포 전시관을 방문하는 것 외에는 이곳을 찾는 일은 극히 드물다. 그렇다보니 주변에 변변한 식당이나 오락거리가 없는 그야말로 시골 동네에 하

고택에서 느껴지는 온기는 종부의 숨결이다.
까치구멍 틈으로 아침 햇살이 들어오면
설거지하던 손을 멈추고 툇마루에 나와 앉는다.
한숨은 결이 되고 시선은 띠가 되어 이곳의 공기를 만들어간다.

나 있는 오래된 집이다. 이 정도면 복잡했던 일상으로부터의 탈출이 억지로라도 가능할 터. 규모가 크진 않지만 대대로 아끼고 가꾸어온 숨결이 그대로 느껴지는 곳이다.

고택은 초인종이 필요 없다. 그저 손님의 도리를 다해 백구와도 친해지고, 어르신께 공손히 인사하면 된다. 주인어른은 하얀 고무신을 내놓으시며 머무는 동안 이걸 신으라 하신다. 오늘 손님이 나갔다는 빈방은 온돌의 따스함이 여전하다. 창을 여니 뒤란에는 장독대가 지나가는 빛을 받아 반들반들하다. 빈방에 앉아 따스한 방바닥과 미지근한 공기와 열어놓은 창문에서 한 번씩 불어드는 공기를 감상한다. 특별히 서두를 것도 없다. 일상에서 하던 것에 1.2배, 1.5배, 2배, 2.5배, 3배… 이렇게 천천히 움직이는 법을 적용해나가는 거다.

햇빛에서 노란 기운이 비치는 오후가 되면 동네 산책에 나서본다. 따스하면서도 한편 날카로운 햇빛을 등으로 받으며 천천히 걸어본다. 이곳 금소리 작은 마을에는, 고택보다 오히려 7,80년대 스타일의 개량 주택이 많다. 조용한 오후에 늘을 수 있는 소리는 돌돌 흐르는 물소리와 가끔 들리는 개짓는 소리가 전부다. 들풀과 들꽃, 마을의 공동 창고, 조그만 텃밭들. 오후 산책은 자연스럽게 일몰과 이어진다. 천천히 집으로 돌아가며 좁은 골목으로 생긴 기다란 그림자를 본다. 도시에서는 내 그림자를 가리는 것들이 많아 이렇게 길어진 키를 보기가 쉽지 않다.

저녁상을 무른 자리에서 귀뚜라미 소리를 들으며 별 구경을 하고, 별빛을 받으며 도란도란 종부와 이야기를 나눈다. 350년 전 집주인은 나라의 주요 무관을 지냈지만 강직하고 고귀한 성품으로 집을 아담하게 짓고, 밖에 곳간을 두어 백성들에게 베풀었다고 한다.

많은 고택들이 내부를 현대식으로 바꿔 보일러를 들여놓은 것에 반해 이 집은 아직까지도 아궁이 불을 고집한다. 이렇게 불을 떼는 것도 상당한 노력이 필요해서 주인어른은 언제나 불씨에 신경을 많이 쓰신다고 한다. 단순히 보이는 곳만 황토방이나 구들장을 놓고 내부엔 보일러를 들여놓는 방식과는 기본부터 다르다. 이 집은 전형적인 ㅁ자형인데, 덕분에 지붕 사이로 난 네모난 창이 오묘한 낭만적 감성을 일으킨다. 눈 내리고 비올 때 운치가 그만이라니 다른 계절이 궁금해진다.

다시 찾고 싶은 여지가 있으니 생활에 지치고 느린 박자가 그리울 때 또 오게 되겠지. 머무는 시간은 중요하지 않다. '머물기'를 배우고, '천천히'를 즐겼다면 이제 돌아가도 좋은 때다. 고택에서 배운 여유는 당신의 일상에 응원이 될 것이다. SJ

🌳 금소리 금포고택

1 미리 예약할 것. 구들장에 온기를 넣으려면 적어도 하루 전에는 불을 지펴야 해서 당일 예약을 받지 않는다. 방은 사랑방, 안방, 상방으로 인원수에 따라 선택할 수 있다.
2 아침식사만 예약 가능하다. 동네에 식당이 없다. 저녁을 시내에서 먹고 들어가거나, 간단한 식사 준비를 하는 것이 좋다.
3 너무 늦지 않게 도착하자. 고택에도 주소가 있지만 해가 지고 나면 설명이 애매하다.

주소 경상북도 안동시 임하면 금소중앙길 50-2
전화 010-6676-3002 홈페이지 http://blog.naver.com/beomgu05

비슷한. 그러나. 다른 여행지.

전국적으로 고택체험을 할 수 있는 곳이 많이 있지만
되도록 원형이 잘 보존된 곳, 고택에 살고 있는 주민이 있는 곳,
고택뿐 아니라 그 지역에 대한 이야기를 들을 수 있는 곳으로 추천한다.

경주 양동마을

기와집과 초가집이 사이좋게 자리 잡은 모습이 정겨운 곳이다.
세계문화유산으로 지정된 이후 여행객의 발길이 많아졌지만 마
을을 훼손하지 않고 지키려는 주민들의 노력이 곳곳에 보인다.
관람자에게는 시간을 지정하고 2013년부터 관람료를 징수해 저
녁이 되면 여느 시골마을과 같이 고요한 휴식을 즐길 수 있다.

주소 경상북도 경주시 강동면 양동리 94
전화 070-7098-3569 **홈페이지** http://yangdong.invil.org

청송 송소고택

조선 영조 때 만석지기였던 송소 심호택이 13년 동안 지은 99
칸 저택이다. 주왕산 주산지가 가까워 봄과 가을에 방문자가
많다. 고택에 머무는 것은 4계절 모두 낭만 그 자체다. 겨울엔
따끈한 온돌방과 눈 쌓인 앞마당이 좋고, 여름엔 한옥의 시원
함과 여유를 느낄 수 있다.

주소 경상북도 청송군 파천면 덕천리 176
전화 054-874-6556 **홈페이지** www.송소고택.kr

나주 목사내아 '금학헌'

'목사'는 이 지역의 목민관을 뜻하고, '내아'는 목사의 살림집이
라는 의미다. 즉, 나주 목민관의 살림집이었던 곳이 나주 목사
내아고 '금학헌'이 바로 이 집의 이름이다. 이렇게 의미를 알고
머무르면 집안 구석구석이 특별한 체험으로 다가올 것이다. 한
편 나주는 '호남의 작은 서울'이라 불렸을 만큼 주변에 역사유
적과 볼거리가 많다.

주소 전라남도 나주시 금성관길 13-8
전화 061-332-6565 **홈페이지** www.najumoksanaea.com

안동에서의 1박 2일

금포고택에 머무를 때, 첫날은 금소리를 여유 있게 즐기자. 고택 자체에 여러 가지 체험 프로그램이 있다. 향주머니 만들기, 탈 만들기와 같은 체험 프로그램에 참여하거나 안동포 길쌈을 볼 수 있다. 조금 걸어 나가면 안동포전시관이 있다. 안동포전시관은 입구의 커다란 아름드리나무와 꽃을 심어놓은 운동장, 깔끔한 전시실, 그리고 체험관과 시연장으로 이루어져 있다. 이곳에서 안동포와 안동포 제품들을 구매할 수 있다. 고택에서 하루를 자고, 다음 날 아침엔 금소리 약수터로 산책을 간다.

숙소를 나서면 안동 시내 구시장에 가서 유명한 안동찜닭을 맛본다. 주말에 시간을 맞추면 안동 시외버스터미널에서 출발하는 시티투어버스를 이용할 수도 있다.

✚안동포전시관
주소 경상북도 안동시 임하면 금소길 341-2
관람시간 오전 9시~오후 6시, 매주 월요일 휴관

금포고택 탈 만들기

안동 시내와 하회마을 쪽에는 고택을 체험할 수 있는 공간이 충분히 있다. 본인의 상황에 맞춰 위치를 정하고 예약한다(www.gotaek.kr).

안동 시외버스터미널 주변

머무는 동안 안동시티투어에 참여하고 싶다면 시외버스터미널 주변에 머무는 것도 좋다. 대중교통을 이용하는 여행자에게 좋은 선택.

- **치암고택**

주소 경상북도 안동시 안막동 119-1　**전화** 054-858-4411　**홈페이지** www.chiamgotaek.com

- **향산고택**

주소 경상북도 안동시 안막동 119　**전화** 054-852-6121　**홈페이지** http://hyangsan.gotaek.kr

하회마을권

하회마을과 그 주변에는 고택이 많이 있다. 기와집, 흙집 취향대로 결정할 수 있다.

- **안동김씨종택 양소당**

주소 경상북도 안동시 풍산읍 소산1리 218　**전화** 011-9005-0891

- **조용한 집 가온당**

주소 경상북도 안동시 풍천면 하회리 625　**전화** 054-853-2207

- **가장큰민박**

주소 경상북도 안동시 풍천면 하회리 609　**전화** 054-853-2388　**홈페이지** www.hahoebighouse.com

헛제삿밥

헛제삿밥은 쌀밥을 드러내놓고 먹지 못했던 시절에 거짓으로 제사를 지내는 척하고 먹은 데서 유래했다 고추장 대신 간장으로 간을 한 비빔밥이라고 생각하면 쉽다.

- **까치구멍집**

헛제삿밥 9,000원, 헛제삿밥+안동식혜 10,000원

주소 경상북도 안동시 상아동 513-1　**전화** 054-855-1056

안동찜닭

안동 구시장의 닭집 골목에서 유래했다. 간장양념에 채소와 당면이 푸짐하게 차려나온다.

- **신세계찜닭**

찜닭 25,000~38,000원, 프라이드치킨 17,000원

주소 경상북도 안동시 남문동 178-8　**전화** 054-859-5484

정원과도 같은 작은 섬을 걷다

거 제 지 심 도

Healing point
작은 섬마을에서 하룻밤 보내기
☞ 섬 바닷가에서 저녁 맞기
☞ 아침 숲길에서 바다를 만나기
☞ 해안도로 드라이브

경상남도
거 제 시

동백꽃 지고 난 뒤
추억은 시작된다

　거제 장승포항에서 불과 15분이면 닿는 섬이다. 기다란 섬 이쪽에서 저쪽 끝까지 마음먹고 걷자면 한 시간이 채 안 걸린다. 밖으로 나가는 길은 작은 선착장 하나뿐이다. 파도가 세면 배를 대기도 어렵다. 선착장에서 갈지자로 걸어 오르는 길. 숲이 빽빽하다. 동백나무, 후박나무, 곰솔… 이 작은 섬에 웬 나무들이 그리 울창할까.

　야생, 원시의 자연이라는 느낌이 물씬 드는 섬이다. 거제시 일운면 지세포리에 딸렸는데 동백이 워낙 많아 동백섬이라고도 부른다.

　지심도를 찾는 대부분의 사람들은 아침이나 오전 배로 들어왔다가 오후 배로 섬을 나간다. 이른 봄이면 동백꽃을 즐기려는 단체 여행객들로 오가는 배가 만원이다. 왁자지껄 한 무리의 사람들이 부리나케 섬을 다녀가고 나면 이내 적적해지는 작은 섬. 그 섬의 오후는 고요하고 길었으며 하늘은 흐렸다. 잠시 후 끝내 비가 왔다.

섬마을 민박에서 빗소리를 듣는다.
비바람에 섬이 떠내려가는 꿈을 꾸었다.
내일 아침 해가 밝은 날
태평양 어디쯤에서 깨어날 것이다.

비우기 / 채우기 / **머물기** / 떠나기

밤새 내린 비에 역시 동백꽃이 많이 떨어졌다. 비 그친 아침 공기는 사물이 투명해보일 정도로 맑다. 민박 마당에 핀 노란 수선화에 
빗방울이 맺혀 있다. 언젠가 가겠지. 오랫동안 마음에 간직했던 여행지가 지심도다. 올 때도 그리운 이를 만나러 가는 기분이더니 와서 선 자리도 고향에 온 듯 마음이 푸근하다.

봄비가 잔잔히 깔린 길을 간다. 동백이 빽빽한 숲 사이로 난 길이 어둡다. 그 어두운 길에 붉은 별처럼 동백꽃들이 깔려 있다. 누군가 꽃을 모아 하트 모양을 만들었다. 붉은 꽃으로 만든 붉은 사랑의 표시. 차마 밟을 수가 없어 이리저리 살펴가며 걷는다. 바람은 아직 차다. 능선 가운데 언덕에 작은 들이 있고 벤치가 있다. 벤치에 앉으면 멀리 바다가 보인다.

섬 능선을 걸으며 주위를 돌아보면 사방이 바다다. 다시 생각해보면 바다만 있는 것이 아니다. 고개를 들면 하늘이다. 작은 섬이니 바다에서 보는 하늘이나 마찬가지. 간밤에 비바람 불었지만 맑은 날이면 별이 쏟아질 듯 총총 박혀 있을 것이다. 이 섬에서 굳이 하룻밤 머무는 이유를 찾자면 별보기라고 대답하자. 능선의 벤치에 누워 검은 바다와 검은 하늘에서 쏟아질 듯 빛나는 별들을 보며 잠들어도 좋다.

섬을 종단하는 길은 마을을 지난다. 마을이라 할 것도 없다. 열 집이 채 안 될 것 같은데 대부분 민박을 운영한다. 평일이라 민박 주인들도 육지로 나간 집이 많다. 섬 안에 있는 사람을 다 꼽아봐야 열 사람 남짓할 것 같다. 작은 카페도 있는데 평일이라 역시 문이 닫혀 있다.

리어카 하나 갈 만한 길을 가는데 오른편으로 운동장이라는 표지가 있어 꺾어 들어가보니 작은 공터가 나온다. 공터 한쪽 구석에 작은, 정말 작은 오두막 같은 나무집이 한 채 있다. 분교란다. 열 명도 못 들어갈 것 같은 교실 하나뿐인 분교. 여기서 공부하던 아이들은 지금 어디서 무얼 하고 있을까. 창문 너머 동백꽃 뚝뚝 떨어지는 소리를 잊지는 않았겠지.

동백숲길을 가다보면 엉뚱하게 대나무숲도 만난다. 하나하나 이름을 몰라서 그렇지 나무 종류도 참 다양하다. 전망대와 벤치, 휴식 공간이 군데군데 있다. 일제강점기 때 태평양전쟁을 치르며 만든 포진지가 있는데 마치 근래 지은 듯 깨끗하다. 이 작은 섬에도 우여곡절 희비의 역사가 있다.

섬을 나오는 길. 뭔가 두고 온 듯 허전하여 자꾸만 돌아본다. 하루 묵었을 뿐인데 마치 고향을 떠나는 듯하다. 변변히 이야기를 나눈 이도 없었는데 무수히 많은 이야기를 한 듯하다. 눈을 감으니 울창한 동백나무 숲터널이 또렷이 떠오른다. 나는 누구와 그 많은 이야기를 했을까. MH

거제 지심도는 동백꽃 필 때 찾는다는 생각에 이른 봄에 찾는 사람들이 많다. 3월 말에서 4월 초까지 동백은 남아 있다. 남도에 봄기운이 완연할 때 찾는 게 한가하다. 동백이 없더라도 수선화 등 각종 꽃들이 반겨줄 것이다. 지심도는 매점이 없고 민박집 외에 편의시설이 아예 없다고 생각하면 된다. 밤중에 입이 심심할 때 과자 생각이 절로 날 것이다. 미리 준비하자. 장승포에서 평일 5회, 주말과 공휴일 9회 배가 운항한다.

주소 경상남도 거제시 일운면 지세포리
홈페이지 www.jisimdoro.com

비슷한. 그러나. 다른 여행지.

작은 섬은 물도 부족하고 편의시설도 없어 불편하다. 그래도 찾는 이유는 다녀오면 오래도록 잊지 못할 추억으로 남기 때문이다. 망망대해 외로운 섬들은 사실 바닷속 큰 산들의 꼭대기다. 살아생전 꼭 밟아야 할 서해와 남해의 보석 같은 섬!

통영 소매물도

통영항에서 배를 타고 두 시간은 가야 하는 작은 섬이다. 한려수도 끝에 있어 남해 외로운 섬이라는 표현이 딱 어울린다. 하얀 등대가 선 등대섬과 깎아지른 듯한 해안절벽, 형제바위, 촛대바위 등 풍광이 아름다워 잘 알려진 여행지다. 소매물도 섬에서 묵으며 바라본 밤하늘은 그야말로 새로운 세상이다. 뜨거운 여름보다 봄, 가을 찾는 게 좋다.

주소 경상남도 통영시 한산면 매죽리 소매물도

군산 어청도

전라북도에서 가장 서쪽에 있는 작은 섬이다. 군산항에서 배로 3시간 거리이며, 주말에는 하루 두 차례, 평일에는 한 차례 배가 다닌다. 섬 봉우리 하나가 활처럼 뻗어내려 U자형 만을 이룬 모습이 눈에 쏙 들어온다. 어청도에는 백 년 된 등대가 있다. 절벽 위에 우뚝 서서 백 년 동안 비바람 맞으며 바닷길을 지켜온 등대다. 능선을 타는 산행 코스와 바닷가 목책로가 있다. 작은 섬이지만 민박과 식당이 불편하지는 않다.

주소 전라북도 군산시 옥도면 어청도

옹진 대이작도

썰물 때면 앞바다에 모래섬이 드러났다가 밀물 때면 사라지는 풀등해변과 부아산 종주길이 아름다운 섬이다. 건너편은 소이작도가 있는 형제섬이다. 섬을 종단하는 길을 왔다 갔다 하는 것도 꽤 재밌다. 민박과 펜션이 잘 되어 있는데 식사를 할 집은 많지가 않다. 작은풀안해수욕장, 큰풀안해수욕장 등 이름이 예쁜 해수욕장과 캠핑장이 있다.

주소 인천광역시 옹진군 자월면 이작리

거제에서의 1박 2일

거제까지 가서 지심도만 둘러보고 나올 수는 없다. 장승포선착장에서 나와 거제 남단 해금강까지 가는 해안도로를 타면 공곶이, 구조라해변, 학동몽돌해변, 바람의 언덕, 신선대, 해금강과 외도까지 차례로 둘러볼 수 있다.

공곶이는 작은 포구 예구마을 뒤편 언덕을 넘어가면 나오는 작은 곶이다. 육지 속의 섬 같은 외딴 언덕 아래 작은 땅에서 40여 년간 가꾼 종려나무와 수선화 등을 만날 수 있다. 학동몽돌해변은 거무스름한 둥근 몽돌이 깔린 해변이다. 파도가 밀려오면 몽돌 사이로 스며드는 파도소리가 따갑다. 학동몽돌해변에서 해금강까지는 한국의 아름다운 길로 꼽히는 해안도로다. 길 끝이 해금강인데 직전 갈곶 언덕이 바람의 언덕이다. 작은 풍차가 있는 이국적인 언덕과 그 아래 포구마을이 그림 같은 광경을 연출한다. 바람의 언덕 맞은편에는 신선대가 있다. 거대한 바닷가 절벽이 삼단을 이루고 있고 그 위에 한 그루 소나무가 선 모습이 고아하다.

해금강에 이르면 유람선을 타는데 한 시간은 해금강을 둘러보고 나머지 한 시간은 외도를 다녀오는 게 보통이다.

거제 바람의 언덕

동백하우스

지심도는 마을 자체가 몇 가구 안 된다. 대부분 민박 형태인데 그나마 펜션 같은 깔끔함을 갖춘 곳이 동백하우스다. 민박 주인들은 평일에는 거제나 장승포에서 머무는 경우도 많다. 방이 많지 않기에 주말에는 일찍 예약이 끝날 수도 있다. 평일이건 주말이건 무조건 전화로 예약해야 한다. 민박은 대부분 아침식사를 제공한다. 미리 확인해보자.

주소 경상남도 거제시 일운면 옥림리 57-1
전화 055-681-3001 **홈페이지** http://jisimdo.net

섬마을바다풍경

지심도에서 가장 높은 곳에 있는 민박이다. 콘도식민박이라고 하는데 방에 화장실과 간이 싱크대가 딸려 있다고 생각하면 된다. 이 집을 추천하는 이유는 저녁과 아침에 나오는 집밥과 반찬이 맛있기 때문이다. 지심도는 작은 섬이다. 빗물을 받아쓰는 섬에서 많은 것을 기대하지 않는 게 좋다.

주소 경상남도 거제시 일운면 옥림리 35-1 **전화** 055-681-6901 **홈페이지** http://jisimdo.net

계장정식

지심도로 건너가는 선착장이 있는 장승포항에는 게장정식을 하는 집이 많다. 서해안 꽃게보다 크기는 작지만 맛이 생생하다. 싱싱게장은 양념게장과 간장게장을 동시에 제공하며 모자라면 계속 제공하는 무한리필 서비스로 잘 알려진 집이다.

• 싱싱게장

게장정식 10,000원(초등생 5,000원)
주소 경상남도 거제시 장승포동 694-2 **전화** 066-681-5513

봄도다리쑥국

도다리쑥국은 봄철에만 맛볼 수 있는 별미다. 그래서 봄도다리쑥국이라고 아예 봄 자를 붙인다. 맛에 대해서는 분분하다. 쑥국 맛을 좋아하는 사람들은 좋아하고 강한 향을 싫어하면 별로라는 표정이다. 학동몽돌해변이나 해금강 횟집들 대부분이 봄철이면 봄도다리쑥국을 한다.

• 천년송횟집

봄도다리쑥국(1인분) 12,000원
주소 경상남도 거제시 남부면 갈곶리 76-3 **전화** 055-632-6210

남해 편백자연휴양림

Healing point
숲과 계곡에 나를 뉘여 놓기
☞ 편백숲 산책로 걷기
☞ 편백숲에서 낮잠 자기
☞ 숲속의 집 테라스에서 책읽기

경상남도
남 해 군

짙은 숲그늘에 눕다
낮잠도 깊다

짙은 숲그늘에 눕다
낮잠도 깊다

비우기 / 채우기 / 머물기 / 떠나기

남해는 섬이다. 다리가 이어져 자동차로 건너가니 육지로 착각할 수도 있다. 섬이 커서 산도 많고 계곡과 평지도 있다. 바다가 보이지 않는 곳은 내륙 어느 시골 마을 풍경이나 다를 바 없다. 그 섬 남쪽에 남해 편백자연휴양림이 있다.

가는 길도 남해스럽다. 남해스럽다는 건 바다 같기도 하고 섬 같기도 하다는 뜻이다. 큰 섬 가운데 길을 가니 보이는 건 산과 들뿐이지만 왠지 바다의 내음이 밴 듯하다. 편백자연휴양림으로 가는 길에 만나는 마을이 정겹다. 내산마을이란다. 가다가 호수도 만난다. 아래쪽 논밭에 물을 대는 저수지다. 호수를 내려 보는 언덕에 잠시 쉬어간다. 숲으로 들어가는 길인데 서둘 건 없다.

남해 편백자연휴양림은 그리 넓지 않다. 호수의 끝부분 작은 산줄기 아래 좁은 분지에 있다. 입구가 계곡으로 들어가는 문 역할을 한다. 입구 앞에 작은 주차장이 있고 주차장에서부터 Y자 형태로 양쪽 계곡을 따라 올

비우기 / 채우기 / 머물기 / 떠나기

라갈 수 있는 산책로가 나 있다. 곳곳에 편백나무가 울창한 숲을 이뤄 편백자연휴양림이라 한다. 편백나무는 다른 나무보다 월등히 많은 피톤치드를 발산하기에 삼림욕의 효과가 뛰어나다. 5백 년을 사는 나무인데 다 자라면 높이가 40미터, 지름이 2미터에 달한다.

곧게 뻗은 편백나무가 빽빽한 숲 그늘이 짙다. 햇볕은 아무래도 들어오지 못할 숲이다. 숲이 넓지는 않다. Y자형으로 난 두 계곡 중에 왼쪽은 비스듬한 분지다. 오른쪽은 폭이 좁다. 분지형 계곡에는 운동장과 쉼터, 산책로가 나 있다. 좁은 계곡은 길을 따라 한쪽은 편백숲, 한쪽은 숲속의 집이 줄지어 있다. 왼쪽 너른 계곡으로 발길을 옮긴다. 길가에 선 편백나무 아래 나무로 짠 평상이 있다. 젊은 부부가 텐트를 치며 오늘밤을 보낼 준비를 하고 있다. 사람들이 편백자연휴양림을 좋아하는 건 국립이기에 저렴하다는 이유도 있다. 야영비도 숲속의 집도 다른 휴양림에 비해 저렴하고 시설도 이것저것 번잡하지 않고 단출하다. 휴식이라는 목적에 가장 부합한 휴양림이다.

산림문화휴양관을 지나 운동장, 수련원을 거쳐 숲길 임도를 따라 천천히 걷는다. 길이 짧다. 10분 만에 산등성이를 지난다. 골찌기가 한눈에 들어온다. 어디선가 한줄기 바다 내음이 느껴진다. 남해 바다를 건너온 바람이 숲에 머물러 있는 걸까, 남해라는 생각 때문일까. 다시 숲으로 내려와 그늘을 찾아 나무 의자에 앉았다. 개미가 지나간다. 구름도 지나고. 고요한 숲 그늘에서 앉아 있자니 생각도 멈춘다.

남해 편백자연휴양림에 머물면서 가볼 곳이 있다. 걸어서 가도 된다. 나비생태공원과 바람흔적미술관이다. 내산저수지 그윽한 풍경을 보며 걷는 길이니 걸어서 가는 게 더 좋다. 나비생태공원은 나비와 곤충의 생태를 볼 수 있는 곳이다. 언덕에 있어 호수와 내산, 편백숲이 내려다 보인다. 휴게소에서 파는 맛있는 커피를 사들고 언덕에 앉아 남해의 풍광을 즐긴다.

바람흔적미술관에도 맛있는 커피를 파는 카페가 있다. 내산저수지 옆 언덕에 있어 이번에는 호수의 풍광을 감상할 수 있다. 물가에 바람개비 조형물이 예쁘다. 앞과 옆을 통유리로 막은 카페는 앙증맞은 액세서리와 장식품으로 가득하다. 미술관 건물 자체가 예술이다. 바람흔적미술관에서 언덕 쪽으로 조금 더 올라가면 있는 내산산촌체험마을까지 둘러보면 한나절이 다 간다. MH

숲속의 집 50객실과 야영데크 28곳을 운영한다. 편백나무를 이용한 목공예체험관이 있고 여름철에는 물놀이장도 운영한다. 입장권은 어른 1천 원. 주차권은 중소형 하루 3천 원이다. 숲속의 집은 성수기에도 4인실 5만 8천 원에서 8~9인실 최대 10만 2천 원이고 입장권과 주차료도 면제되니 정말 싼 편이다. 홈페이지에서 검색 및 예약.

주소 경상남도 남해군 삼동면 봉화리 산480-2
전화 055-867-7881 **홈페이지** www.huyang.go.kr

전국 곳곳 산마다 자연휴양림이 있고 제각각 특색이 있으니 어디가 좋다 말하기 참 어렵다. 사람마다 취향이 다르고 여행하는 습관도 다르니 더욱 그렇다. 다음 세 곳 또한 제각기 장단점이 있는 곳들이다.

남양주 축령산자연휴양림

경기도 남양주시에 있는 축령산자연휴양림은 수도권에 거주하는 사람들에게 가깝다는 장점이 있다. 1995년도 개장해 연륜이 꽤 깊은 휴양림이다. 휴양림 산책로는 울창한 숲길이라 삼림욕을 하기에 최적이다. 축령산과 서리산으로 이어지는 등산로가 있다. 서리산 봄 철쭉과 억새를 둘러보고 하루 쉬기에 딱 좋다.

주소 경기도 남양주시 수동면 축령산로 299
전화 031-592-0681 **홈페이지** www.chukryong.net

홍천 삼봉자연휴양림

홍천군 깊숙이 숨은 휴양림이다. 휴양림을 지나면 구룡령을 넘어 양양으로 이어진다. 가칠봉과 응복산, 사삼봉 등 높은 봉우리로 둘러싸인 계곡 분지에 있다. 전나무와 주목 등 침엽수와 박달나무 등 활엽수가 어울려 숲이 울창하다. 계곡물이 맑고 차갑기로 유명하며, 휴양림 위쪽에 효험이 뛰어나기로 이름난 삼봉약수가 있다. 깊은 숲을 원하는 사람에게 맞는 곳이다.

주소 강원도 홍천군 내면 삼봉휴양길 276
전화 033-435-8536 **홈페이지** www.huyang.go.kr

충주 계명산자연휴양림

충주댐 오른편 계명산에 있는 자연휴양림이다. 충주호와 충주 여행을 할 때 이용하면 딱 알맞다. 휴양림에서 유람선선착장까지 20여 분이면 갈 수 있다. 유람선으로 단양까지 다녀오면 하루가 간다. 휴양림 앞 일향산은 충주호의 장엄한 일출을 만날 수 있는 해돋이명소인데 아직 많이 알려지진 않았다.

주소 충청북도 충주시 종민동 산6-1
전화 043-850-7313
홈페이지 www.cbhuyang.go.kr/gaemyeongsan

남해에서의 1박 2일

남해 사람들은 남해를 보물섬이라 부르는데 여행도 알짜배기 명소가 꽤 있다. 커봐야 섬이니까 가서 일정을 잡으면 되겠지 하면 우왕좌왕하다 돌아올 수 있다. 은모래 반짝이는 상주해수욕장과 송정해변 등 해변도 좋고 금산 보리암과 망운산, 후구산 등 크지는 않지만 아기자기한 산들도 찾으면 뿌듯한 감이 든다. 해안도로 자연경관도 뛰어나니 드라이브 자체가 여행일 수 있는 곳이다. 이순신장군의 혼이 잠든 관음포유적지도 가봐야 하고 가천 다랭이마을, 외국마을 같은 독일마을도 들러야 하는 등 갈 곳도 많다. 노도와 조도까지 건너가려면 1박 2일도 모자란다. 남해 해안선을 따라 걷는 남해바래길 또한 뜨는 산책길이다. 남해 어촌 사람들이 살아가는 모습을 보며 걷는 길인데 총 14코스 120km 거리다.

창선대교의 노을도 보고 보리암 일출도 카메라에 담으려면 새벽부터 해질 때까지 다녀야 한다. 이렇듯 갈 곳도 많고 할 것도 많으니 여행 일정과 동선을 잘 잡아야 한다. 다랭이마을 한 곳만 가도 한나절은 후딱 지나간다.

독일마을

다랭이마을

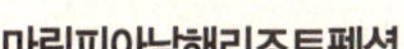

남해 편백자연휴양림

남해 편백자연휴양림 숲속의 집은 건물들이 제각각이고 하나같이 그림동화에 나오는 집처럼 예쁘다. 인터넷 선착순으로 예약을 한다. 6주 전 수요일 아침 9시에 홈페이지에서 기다렸다 재빨리 예약하면 된다. 주말은 경쟁이 치열하다. 성수기에는 추첨식으로 바뀌기도 한다. 간간이 취소자가 나오니 홈페이지 월별예약현황도 가끔 들여다보자.

주소 경상남도 남해군 삼동면 봉화리 산480-2
전화 055-867-7881 **홈페이지** www.huyang.go.kr

마린피아남해리조트펜션

남해는 해변 민박에서부터 펜션, 고급 리조트 등 다양한 숙소를 갖춘 고장이다. 자기 취향에 맞게 고를 수 있다. 마린피아남해리조트펜션은 이국적인데다 현대적인 느낌이 나는 리조트형 펜션이다. 바다가 보이는 객실마다 스파 시설이 있어 바다를 보며 스파를 즐길 수 있다. 깔끔한 인테리어, 야자수가 늘어선 조경 등에서 휴양지의 느낌이 물씬 난다.

주소 경상남도 남해군 남면 선구리 126-1 **전화** 055-862-0088 **홈페이지** http://마린피아.kr

멍게비빔밥

멍게는 입맛을 돋아주기에 횟집에 가면 조금씩이라도 꼭 내놓는 음식이다. 남해자연맛집은 앞바다에서 직접 잡은 전복으로 만든 전복회와 전복죽을 비롯해 소라, 돌멍게 등 남해안의 다양한 해산물을 맛볼 수 있는 집이다. 멍게비빔밥와 미더덕비빔밥은 4월에서 9월까지 내놓는데, 해산물 반찬이 푸짐하다.

• **남해자연맛집**
멍게비빔밥 · 미더덕비빔밥 12,000원, 전복죽 14,000원, 전복회(중) 40,000원
주소 경상남도 남해군 남면 홍현리 385 **전화** 055-863-0863 **홈페이지** www.055-863-0863.kti114.net

멸치회

남해는 바다와 산, 들이 있어 먹을거리가 풍부하다. 흑마늘은 남해 사람들이 자부하는 농산품이다. 남해에서 별미로 맛볼 수 있는 것이 멸치회다. 멸치와 채소를 양념에 무쳐낸 멸치회무침은 새콤한 맛으로 먹는다. 미조식당은 멸치회와 갈치회와 조림을 전문으로 하는 집이다.

• **미조식당**
멸치쌈밥(소) 20,000원, 멸치회(소) 30,000원, 갈치회(소) 30,000원
주소 경상남도 남해군 미조면 미조리 168-35
전화 055-867-7831 **홈페이지** http://mijo.the-admarket.com

신안 중도
엘도라도리조트

Healing point
머무는 여유, 사색하는 즐거움
☞ 프라이빗 바다 거닐기
☞ 나만의 바다에서 즐기는 스파
☞ 바닷가 카페에서 즐기는 와인

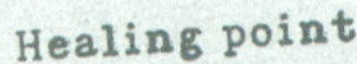

전라남도
신 안 군

내 삶의
스타카토

여행은 돌아다니는 것이다? 꼭 그렇지만은 않다. 머무는 것 또한 여행이
다. 오래전 여행지에서 바삐 다니는 사람들을 보며 왜 저리 서둘까 궁금한
적이 있었다. 여행지에 와서 한 바퀴 둘러보고 사진 몇 장 찍은 다음 총총
걸음으로 다음 여행지로 떠난다. 굳이 경치 좋고 시설 좋은 숙소를 찾으려
애쓰는 것도 궁금했다. 오밤중에 들어가 눈 뜨자마자 짐 챙겨 떠날 텐데.

정말 진지하게 생각했다. 그날 이런 여행을 꿈꿨다. 그림 같은 바닷가에
가서 해먹에서 낮잠 자고 저녁이면 바비큐도 먹고, 다음 날은 방에 틀어박
혀 책을 읽다 저녁 무렵 은은한 음악이 흐르는 카페로 가서 맥주를 마시며
밤바다를 즐기고, 그 다음 날은 동네 시장에 가서 찬거리 사다가 요리도 하
고. 그렇게 지겨워질 때까지 일주일 또는 한 달을 살다 오는 건 어떨까.

꿈은 좋은데 계산해보니 비용이 만만치 않다. 우리나라 어지간한 여행
지에서 한 달 사는 비용이면 인도나 동남아에 가서 일 년 살다 올 수 있다.
그보다 한나절이면 집이 어디든 갈 수 있는 나라에서 그게 뭔가 싶기도 해

휴양지의 아침 그리고 저녁

머무는 사람의 여유

내 삶의 스타카토

서 일찌감치 접었다. 무엇보다 그럴 만한 숙소도 없다.

시간이 꽤 흐르고 증도 엘도라도리조트에서 불현듯 그 꿈이 생각났다. 이런 곳이라면 한 달은 몰라도 며칠은 머물며 쉴 수 있겠다 싶었다. 리조트에 딸린 작은 바다. 그 바다는 한적하다. 세심하게 배치한 객실은 벌거벗고 테라스로 나와도 아무도 볼 수 없다. 단지 바다만 앞에 있을 뿐이다. 우리 곁에도 휴양형 리조트가 어느덧 서서히 늘어나고 있다.

바닷가 언덕의 카페도 마음에 들었다. 아침에는 바다를 보며 진한 커피를 마시고 저녁에는 별을 보며 맥주를 마실 수 있는 곳이다. 심심하면 야외 수영장에 가서 한바탕 물놀이를 하면 된다. 리조트 곳곳에 산책로와 분수, 연못과 정자가 어우러진 크고 작은 테마공원들도 있다.

엘도라도는 바다로 툭 튀어나온 절벽 언덕에 있다. 절벽 양쪽으로 해변이 있는데 한쪽은 우전해수욕장이고 다른 한쪽은 리조트 여행객들만 이용할 수 있는 해변이다. 폭 100미터, 길이 4킬로미터의 기다란 활모양의 우전해변을 흔히 골든베이라 부른다. 모래가 곱고 해송숲이 우거진 모습이 아름답기로 이름난 해변이다.

리조트 여행객들만 들어갈 수 있는 해변에는 바비큐시설이 있다. 노을을 보며 바비큐를 즐길 수 있어 선셋바비큐라 한다. 요트를 타고 다도해를 돌아보거나 제트스키나 워터슬레이드 같은 해양레저도 즐길 수 있다. 바다에서 지친 몸은 해수온천으로 푼다.

리조트에서 즐길 수 있는 이런저런 이야기를 들려주면 듣고 있는 사람의

눈이 반짝반짝 빛난다. 그런 여행을 하고 싶다고 모두가 입을 모은다. 그런데 막상 여행을 떠나면 여전히 이곳저곳 돌아다니기 바쁘다. 그나마 다행인 점이 엘도라도리조트는 주위에 돌아다닐 만한 곳이 많지 않다. 신안군 증도가 어딘가. 서남해안 끄트머리에 있는 슬로시티다. 목포에서 배를 타거나 멀리 무안 쪽으로 돌아서 다리를 건너가야 하는데 무척 멀다. 가까운 여행지 무안까지 나오는 데만 해도 한 시간가량 걸린다.

리조트에 들어가면 다시 나올 엄두가 나지 않을 것이다. 고작해야 슬로시티 증도 염전을 배회하다 다시 들어갈 것이다. 그런 면에서 떠돌이 여행자도 붙들어둘 수 있는 드문 리조트인 셈이다. 온종일 붙잡고 이야기하고 싶은 사람 있으면 엘도라도리조트에 같이 가자 해보자. MH

리조트 비용이 만만치는 않다. 극성수기를 피한 평일로 일정을 잡고 인터넷 예약사이트를 활용한다면 상당히 절약할 수 있다. 객실에 세련된 주방시설과 식탁이 있다. 밑반찬과 양념, 식자재를 준비한다면 음식에 들어가는 비용도 대폭 줄일 수 있다. 콘도형 리조트로 세면도구 일체는 물론 개인 수건까지 꼼꼼히 준비하는 게 좋다.

주소 전라남도 신안군 증도면 우전리 233-42
전화 061-260-3300
홈페이지 http://eldoradoresort.co.kr

비슷한. 그러나. 다른 여행지.

리조트는 여러 형태가 있다. 스키나 워터파크 등 대형 레저시설을 갖추고 자체에서 숙식과 여가를 해결할 수 있는 곳이 있고 주변 여행지를 돌아보고 쉬는 숙소의 개념으로 운영하는 곳도 있다. 리조트에서 휴양을 즐길 수 있는 곳은 그리 많지 않다.

통영 클럽ES 통영리조트

통영 바닷가 작은 산 위에 있다. 통영 다도해를 내려다보는 수영장 하나만으로도 눈길을 확 끌어당긴다. 2층집 형태로 지은 나지막한 건물들이 마치 지중해 마을을 온 듯한 느낌을 준다. 실내도 리조트라기보다 민가 같은 느낌이다. 볼 곳 많은 통영이지만 하루쯤 게으름 피우며 온전한 휴식을 취하고 싶은 리조트다.

주소 경상남도 통영시 산양읍 미남리 697-2
전화 055-644-4600 **홈페이지** http://clubes.co.kr

나주 중흥골드스파리조트

골프코스와 숙박시설, 스파 및 워터파크가 어우러진 복합레저 공간이다. 12개의 테마스파를 운영하며 워터파크 놀이시설 또한 동양 최대 규모를 자랑한다. 노천탕에서 드넓은 나주호를 바라보며 쉬다보면 하루가 금방 간다. 나주호에서 수상스키나 웨이크보드, 바나나보트 등도 즐길 수 있다.

주소 전라남도 나주시 남평읍 우산리 2356-4
전화 1688-5200 **홈페이지** www.jhgoldresort.co.kr

춘천 남이섬

리조트는 아니지만 특별히 소개하고 싶은 곳이 남이섬이다. 당일 여행으로 다녀오면 남이섬의 진면목을 알기 어렵다. 저녁 무렵 막배가 떠나고 나면 한적한 남이섬은 나만의 공간이다. 호텔 정관루는 46객실을 갖춘 본관과 13개 동의 콘도식 별관을 운영한다. 한적한 섬의 저녁과 밤 그리고 새벽에 이는 물안개는 오래도록 기억에 남을 것이다.

주소 경기도 가평군 가평읍 달전리 144
전화 031-580-8114 **홈페이지** www.namisum.com

증도에서의 1박 2일

슬로시티 증도는 염전과 갯벌로 이름난 여행지다. 140만 평 규모의 태평염전은 우리나라 최대의 소금생산지로 역사가 50년을 거슬러 올라간다. 소문을 듣고 찾는 여행자가 늘어 소금박물관과 마차를 타고 염전투어를 할 수 있는 시설을 갖췄다. 태평염전 천일염과 함초를 이용한 음식을 내놓는 섬들채와 소금동굴 힐링센터, 염생식물원 등도 운영한다.

우전해변 뒤에 갯벌생태전시관(061-275-8400)이 있다. 증도의 갯벌은 무안과 이어지며 세계 5대 갯벌에 들어간다. 갯벌체험 여행은 전국에서 찾아올 만큼 인기 있는 프로그램이다. 우전해변 끝에는 짱뚱어다리가 있다. 서남해안 갯벌을 뛰어다니는 짱뚱어는 낚시대가 휘어질 만큼 힘이 좋다.

돌로 둑을 만들어 밀물 때 몰려온 물고기를 가두었다가 썰물 때 잡는 독살은 쉽게 보기 어려운 전통적인 고기잡이 방식이다. 신안해저유물 발굴기념비가 있는 언덕을 올라가는 길에서 원형이 잘 살아 있는 만들 독살을 볼 수 있다.

✚태평염전

주소 전라남도 신안군 증도면 증동리 1931 **전화** 061-275-0370

태평염전

블루마레펜션

증도가 슬로시티로 지정되면서 여행객이 늘자 펜션 등 숙소도 늘어나고 있다. 블루마레펜션은 바닷가 절벽 위에 있어 증도 바다와 해안을 보는 풍광이 뛰어나다. 침실에서 바로 바다가 보인다. 나무로 지은 집들이 독립된 하나의 객실이며 개별 테라스와 바비큐시설을 갖췄다. 펜션에서 바로 갯벌로 내려갈 수 있다.

주소 전라남도 신안군 증도면 방축리 414-1　**전화** 061-271-2330　**홈페이지** www.블루마레펜션.kr

섬그린펜션

엘도라도리조트 입구에 있는 펜션이다. 버섯모양으로 지은 둥근 집이 여러 채 몰려 있어 한눈에 쏙 들어온다. 독채형 펜션으로 최근에 지어 TV와 인터넷, 컴퓨터 등 시설이 깔끔하고 좋다. 천장을 황토로 바르고 편백나무로 실내 인테리어를 꾸며 상쾌한 느낌을 준다. 바다까지 좀 걸어야 한다는 점이 아쉽다.

주소 전라남도 신안군 증도면 우전리 224　**전화** 061-261-0020
홈페이지 www.섬그린펜션.kr

함초요리

함초는 염전이나 짠 갯벌에서 자라는 식물이다. 최근 들어 함초가 몸의 독소를 제거하고 숙변 등에 효과가 있다는 사실이 알려지며 관심을 모으고 있다. 함초가 들어간 된장국이나 곁들인 생선요리 등은 맛도 맛이지만 건강에도 만점이다. 태평염전에 있는 섬들채 솔트레스토랑에서는 함초기 들어간 다양한 요리를 제공한다.

• **솔트레스토랑**
해초비빔밥굴비정식 12,000원, 해초비빔밥도미정식 15,000원
주소 전라남도 신안군 증도면 대초리 1648-1
전화 061-261-2277　**홈페이지** www.sumdleche.com

짱뚱어탕

증도는 짱뚱어탕으로 유명하다. 질 좋은 갯벌에서 자란 짱뚱어는 모양은 그다지 친근하지 않다. 그래서 대개 갈아서 탕으로 끓여 먹는다. 안성식당은 믿을 수 있는 짱뚱어집이다. 근처 어민들에게 직접 받아온 짱뚱어를 고아서 살을 발라낸 다음 탕으로 끓여준다. 횟집을 겸하는데 상에 오르는 반찬은 모두 직접 기르거나 증도에서 난 식자재들이다.

• **안성식당**
짱뚱어탕 10,000원
주소 전라남도 신안군 증도면 증동리 1691-10　**전화** 061-271-7998

즐거움을 찾아 떠나는 시간

떠나기

Healing point
편한 신발을 신고, 아무 이유 없이 하루를 방황해본다.
☞ 목적지 없이 골목길 걷기
☞ 언덕에 올라 부암동과 서울 보기
☞ 마음에 드는 카페에서 쉬어 가기

1←82

동양방아간

로40길
ro 40-gil
환기 미술관
Whanki Museum
Sanmo toonge
CAFE GALLERY
나눔문화
방황을 기대하라
서 울 부 암 동
서 울
특별시

한 번쯤
길을 잃어도 좋다

술래잡기, 고무줄놀이, 말뚝 박기, 망 까기, 말타기… 골목길 하면 생각나는 노래다. 그 시절 골목길은 최고의 체육놀이 시설이자 사교의 장이며 소문의 온상이고 로맨스의 배경이었다. 특별할 것 없던 골목길이 이제는 여행 명소가 되어 예쁘다고 소문난 골목길에 여행자들이 찾아온다. 그렇지만 골목이 여행의 목적지가 될 리는 없나.

골목은 그저 할 일 없이 시간을 낭비하는 곳이다. 신발은 편안하게, 두 손은 가볍게, 머릿속엔 아무것도 넣지 말고. 정처 없이 돌아다니다 가고 싶으면 가고, 멈추고 싶으면 멈추고, 보고 싶으면 보고, 먹고 싶으면 먹고.

그러니 특별할 것 없는 여정이다. 시간이 얼마나 든다, 거기 가면 무엇을 꼭 해야 한다는 식의 정보는 생략해도 좋다.

보통 부암동 골목탐험은 주민센터에서부터 시작한다. 지도를 한 장 구해서 골목이 어떻게 생겼는지 살펴보고 어느 방향으로 갈지를 정하면 된다. 창의문 앞 삼거리에서 길을 따라 들어가면 동양방앗간이 있는데 여기

추억, 방황, 설렘, 기다림…
골목의 추억이 많다면 행복한 사람이다.

비우기 / 채우기 / 머물기 / 떠나기

가 부암동의 랜드마크인 셈이다. 방앗간을 보고 오른쪽으로 올라가면 드라마 〈커피프린스 1호점〉 촬영지인 산모퉁이 카페가 있고 그 길을 따라 더 올라가면 백사실 계곡으로 이어진다. 방앗간 왼쪽으로 내려가면 환기미술관이 있고, 골목을 따라 계속 내려가다 보면 자하문로를 만나게 된다. 자하문로를 건너면 석파정, 서울미술관, 현진건 집터 등이 있다. 한편 서울성곽을 따라서는 창의문 쪽에 윤동주 시인의 언덕, 윤동주문학관, 최규식경무관 동상 등이 있다.

어디부터 보냐고? 그냥 내키는 대로 다니면 된다. 가벼운 방황이 허락된 시간이다. 하루쯤은 길을 잃고 헤매도 좋다. 딱 한 가지 금지사항은 뒤이어 약속을 잡는 일이다. 골목을 여행하기로 결심했으면 이후 시간만큼은 그냥 오픈이다.

부암동은 언덕을 가진 동네다. 그러니 어느 순간 높은 곳에 올라와 있는 자신을 발견할 것이다. 서울 성곽길 어디쯤에 올라와 있을 수도 있고, 윤동주 시인의 언덕에 와 있거나 산모퉁이 카페쯤 와 있을 수도 있겠다. 백 년 전 우리 어른들이 했다는 '순성' 놀이를 떠올린다. 날씨가 따뜻해지는 봄이 되면 하루 날을 잡아 서울 성곽을 한 바퀴 돌았던, 일종의 봄 소풍이다. 신문에는 순성을 알리는 공지가 나오고 사람들은 도시락을 싸 와서 성을 산보했다. 그 당시에도 서울 사람들은 성곽을 좋아하고 귀히 여겼나보다. 부암동도 성곽의 일부이니 딱 지금의 위치만큼에서 보았겠지. 집도 길도 달라졌지만 높은 곳에 올라 생각하고 느끼는 감회는 대동소이한 것일 터. 세월이 변해도 사람들이 좋아하는 것은 크게 달라지지 않았구나.

다시 골목. 걷다보면 어느새 머릿속이 추억과 상상으로 가득 차서 일상의 고민을 밀어낸다. 담장을 타고 피어난 꽃송이로 눈이 즐겁고, 가끔 만나는 미술관도 좋다. 내친김에 들어가서 작품 감상에 빠져 있다 보면 뭔가 채워가는 느낌도 있다. 은근히 볼거리가 많으니 만만히 보았던 골목 산책에서 다음을 기약하게 된다. 게다가 꽤 걸었다.

마음에 드는 카페나 식당에 무작정 들어가 본다. 가끔 식당을 검색하고 예약을 하는, 작은 이벤트를 만들기도 하지만 방황 끝에 발견하는 재미와는 비교도 할 수 없다. 순전히 본능에 의한 촉과 감… '딸랑' 하는 종소리를 울리며 작은 카페로 들어간다. 처음부터 맛있는 커피를 맛볼 목적이었다면 이 여행 주제는 '골목 방황'이 아니라 '커피 여행'이 되어야 할 것이다. 그러니 차 맛에 너무 인색하게 굴지 않는 게 좋겠다.

사실 골목은 거기서 거기다. 만약에 유명한 골목이 있다면 그것은 골목이 색달라서가 아니라 그곳에 있는 '무엇'이 유명해졌기 때문이다. 그러니 골목 여행을 떠나고 싶다면 목표 없이 방랑하기로 결심하는 것이 좋다. 그 속에서 무엇을 생각하든 느끼든 그건 유랑자의 몫이다. SJ

부암동주민센터에서 부암동 지도를 구해서 골목탐험을 시작해보자.
부암동주민센터 주소 서울특별시 종로구 창의문로 145

<h1 style="text-align:center">비슷한. 그러나. 다른 여행지.</h1>

골목은 목적을 가지고 움직인다기보다는 우연히 만날 때 묘미가 있는 곳이다.
그렇기 때문에 특정 골목을 소개하는 것이 큰 의미는 없지만
독특한 담장이나 주택 양식, 동네의 분위기가 평화로운 세 곳을 소개한다.

제주 골목

바람과 돌이 많은 제주는 골목길에서 그 특성이 확연히 드러난
다. 낮은 단층 돌집에 검은색 돌담이 제주의 전형적인 옛집이다.
옛날집이 아니더라도 심한 바람 때문에 제주의 집들은 낮고 소
박하다. 담장과 집이 나지막하다 보니 시야가 시원하고, 어떤 골
목이든 깨끗하고 한산해 제주 할망들의 깔끔한 성격을 느낄 수
있다. 바닷가 동네는 골목 너머로 제주의 푸른 바다가 펼쳐지고,
길가에 유채나 맥문동 등 꽃들이 피어 있어 산책에 그만이다.

전주 한옥마을

전주는 볼거리와 먹을거리가 풍성한 곳이다. 전동성당을 비롯
해 경기전, 향교, 한지원 등 가볼 만한 장소가 한곳에 몰려 있
다. 늘어선 한옥만으로도 볼거리가 많은데, 어떤 집은 숙소로,
어떤 집은 박물관이나 체험 장소로 쓰여서 하루 여행이 부족할
정도다. 많이 보겠다는 욕심보다는 한옥으로 둘러싸인 골목길
을 천천히 산보하고 맛있는 것 먹고 돌아오겠다고 생각하자.

홈페이지 http://tour.jeonju.go.kr

태백 상장동 벽화마을

전국에 벽화 골목이 많지만 이곳은 광부의 이야기가 있는 곳이
다. 상장동은 탄광의 중흥기였던 80년대에 함태탄광과 동해산
업 광부들의 사택촌이 있던 곳으로 지금은 폐역이 된 문곡역
옆에 자리 잡고 있다. 문곡역 역시 저탄장에서 탄을 실어나르
던, 쉴 새 없이 바쁘고 활기찬 곳이었다.

상장동 이야기마을 카페 http://cafe.daum.net/5-0-7-0

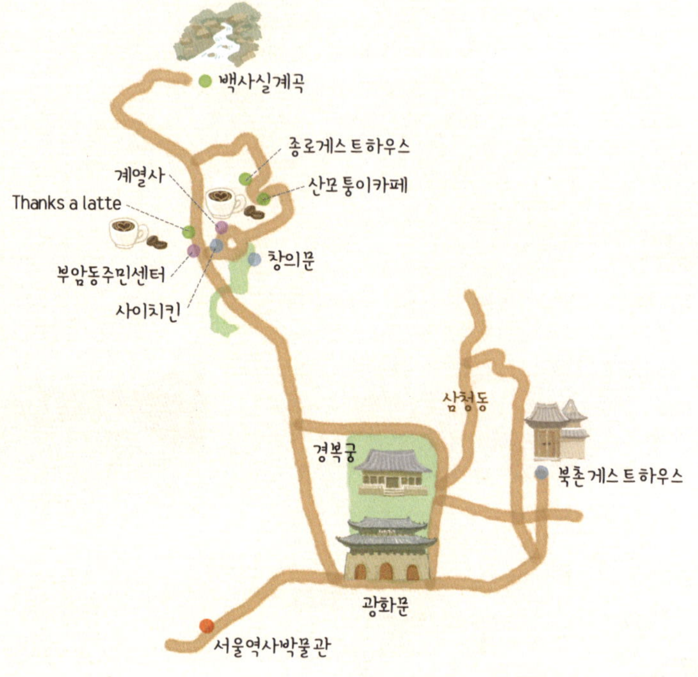

서울 부암동에서의 1박 2일

서울은 조선의 5백 년 도읍지였고 지금의 수도다. 특히 종로는 예로부터 고관대작이 집을 짓고 살던 곳, 상업활동이 활발히 이루어지던 곳, 개화와 격변의 역사를 치룬 곳으로 구석구석 볼거리가 많다. 부암동까지 왔으니 가까운 백사실계곡을 걸어본다. 백사실계곡은 백사 이항복의 별장터로 알려진 곳이다. 보통 세검정 쪽에서 걸어 들어갈 수 있는데, 북악산 줄기에 속하며 도심 한복판에서 만날 수 있는 깨끗하고 맑은 숲이다.

한편 광화문 쪽으로 내려오면 삼청동이 있다. 이곳은 갤러리와 카페, 식당, 패션숍들이 부암동보다 많고 서울의 한옥마을인 북촌과 이어져 있어 외국인 여행자들에게 인기가 높다. 이쯤에 숙소를 정한 후 근처 경복궁과 광화문을 둘러보고 서울역사박물관에서 조선과 대한제국의 역사 유적을 관람하면 의미 있는 역사·문화 여행이 될 것이다.

서울역사박물관

북촌 게스트하우스

2003년부터 북촌에 자리 잡은 한옥 게스트하우스로 외국인 여행자 사이에서 유명한 곳이다. 인터내셔널한 숙소답게 예약은 메일로만 받는다.

주소 서울시 종로구 계동 72
전화 010-6711-6717
홈페이지 www.bukchon72.com
이메일 bukchon72@naver.com

종로 게스트하우스(G HOUSE)

북한산 자락 백사실계곡과 가까운 곳에 위치하고 있어 북한산 올레길과 종로 등 서울 시내 여행이 쉽다. 테라스와 작은 마당이 있어 워크숍이나 홈 파티 장소로도 좋다.

주소 서울시 종로구 부암동 95-44
전화 010-3129-3144
홈페이지 http://jghouse.kr

커피

부암동에는 예쁜 카페가 많다. 맛도 좋지만 골목 탐험 중에 쉬어 가는 장소로도 의미가 있다.

• **Thanks a Latte**
커피, 음료 4,000원~, 차 5,000원~
주소 서울시 종로구 부암동 314-1　**전화** 070-7519-9333

치킨

부암동 초입에 맛있는 치킨집이 몇 군데 있다. 독특한 소스와 조리법으로 입소문이 난 집도 있고, 대낮에도 줄을 서야 자리를 잡을 수 있는 유명한 치킨집도 있다.

• **사이치킨**
사이치킨 19,000원, 프렌치샐러드 11,000원, 포테이토튀김 13,000원
주소 서울시 종로구 부암동 257-3　**전화** 02-395-4242

• **계열사(구 cheers)**
치킨 20,000원, 생맥주 2,500원
주소 서울시 종로구 부암동 258-3　**전화** 02-391-3566

산을 넘고 바다를 따라 달려보자
강 원 도   종 단
드 라 이 브

Healing point
천천히 달리며 세상일 수다 떨기
☞ 구룡령에서 천하를 내려다보자
☞ 바닷가 드라이브 즐기기
☞ 태백 울창한 숲 지나기
강 원 도

나는 달린다

여행은 여행지를 순례하는 일이 아니다. 떠나 있는 그 자체가 여행이다. 여행자가 꼭 가야 할 세상은 없다. 가다 못 가면 그뿐이다. 길에 있는 시간 그 자체를 즐기는 것 그게 여행이다. 사나흘 내내 달려본 사람은 그 시간을 평생 잊지 못할 것이다. 자동차 안에서 보낸 그 지루한 시간들이 왜 그리 그립고 간절한 추억이 되는지는 알 수 없다.

홍천에서 구룡령을 넘어 양양과 강릉을 지나 동해와 삼척까지 내려갔다가 태백으로 넘어오는 길은 백두대간을 넘나들고 바다를 따라가며 깊은 계곡을 지나는 길이다. 가다가 마음 내키는 데서 머물기도 하고 들르고 싶은 곳이 있다며 차에서 내려 잠시 걸어도 보는 드라이브 여행으로 딱 알맞다.

구룡령은 홍천에서 양양을 넘는 고개다. 백두대간을 넘던 옛길인데 오랫동안 사람 발길 드물어 한적하기만 하다. 고개가 높은 만큼 구룡령을 넘는 도로는 S자형으로 구불구불 이어진다. 고개 정상에 서면 마치 천하를 굽어본다는 말이 절로 나올 만하다. 구룡령을 내려오면 갈천리가 나온다.

까마득한 고개를 넘을 때, 파도 넘쳐드는 바닷가길을 지날 때,
깊은 계곡 절벽길을 돌아갈 때
그 모든 것 지나는 길이니 이 또한 지나가리라.

비우기 / 채우기 / 머물기 / **떠나기**

구룡령 너머 양양 가는 길은 양옆으로 작은 마을과 들, 강이 펼쳐진다. 양양에 다다를 무렵 오른편에 소금강으로 가는 길이 있다. 시간 여유가 있다면 그리로 빠져도 좋다. 양양에서부터 강릉까지 동해안 해안선을 따라 길게 난 7번 국도는 대부분 새로 닦아 고속도로를 연상케 한다. 그래서 옛 7번 국도로 갈아탄다. 길은 한적하고 마을을 지나며 때로는 바다와 함께 간다.

강릉 시내 남쪽 심진항에서 금진항까지는 헌화로를 이용한다. 큰 파도가 치면 찻길로 바닷물이 넘쳐 오를 정도로 바닷가에 바짝 붙어 난 길이다. 작은 어항 심곡항과 금진항에 즐비한 횟집에서 물회 한 그릇으로 식도락을 즐겨보자. 식사 때 정해진 일정이 없으니 마음 내키면 그때가 점심이고 저녁 끼니때가 된다.

금진항에서 정동진을 거쳐 해안도로로만 내려간다. 동해에 이르면 묵호항을 들르지 않을 수 없다. 묵호항 언덕 벽화마을을 거닐고 등대에서 바다를 보며 쉬자. 항구도시란 먼 곳으로 떠나고 싶은 묘한 욕망을 불러일으킨다. 삼척으로 가는 길에 천곡천연동굴도 들르자. 특이하게 동해 시내 주택가에 있는 동굴이다.

삼척으로 넘어가면 먼저 갈 곳이 죽서루다. 오십친 강가 절벽에 선 죽서루에서 관동팔경의 일경을 감상하는 여유를 부려보자. 이어 해안도로를 타고 내려가면 맹방해변, 궁촌해변, 용화해변이 차례로 이어진다.

궁촌해변에서 용화해변까지는 해양레일바이크가 다니는 길이다. 드넓은 바다를 바라보며 송림과 터널을 지나는 철로자전거 또한 장거리 운전의 피로를 싹 씻어줄 것이다. 삼척 임원항은 자그마한 천막 횟집촌 이른바

난전이 있는 곳이다. 싱싱한 해산물을 그 자리에서 골라 고추장 듬뿍 발라 먹으면 횟집에서 먹는 것과 또 다른 묘미가 있다.

드라이브는 양양에서 임원항까지 7번 국도와 해안도로를 타고 간다. 임원항을 지나서 울진을 넘어가기 전에 오른편으로 내륙으로 가는 416번 지방도가 나온다. 삼척의 산들과 동활계곡을 지나는데 그 경치 또한 비경이다. 길을 따라 태백으로 넘어간다.

동활계곡을 지나 태백시로 들어가면 오른편으로 검룡소 가는 길이 나온다. 한강의 발원지 검룡소를 지나칠 수는 없는 일. 주차장에 차를 세우고 다녀오는 데 한 시간이면 충분하다. 이어 한강과 오십천, 낙동강을 나눈다는 삼수령을 넘어 태백 시내로 들어간다. 낙동강의 발원지 황지연못은 태백 시내에 있다. 샘을 중심으로 작은 공원을 꾸며놓았다.

태백 시내에서부터 정선, 영월을 거쳐 제천시 외곽을 지나는 중앙고속도로까지 나오는 길은 4차선도로로 살 닦여 있다. 예전에는 험준한 고개를 넘어야 했는데 지금은 터널이 나 있다. 쭉 뻗은 길 좌우로 백두대간 산골의 풍광이 이어진다. 제천시에서 중앙고속도로 제천IC 진입까지를 드라이브 코스로 여기자. MH

제천에서 중앙고속도로를 타고 오는 길이 밋밋하다 생각되면 정선에서 평창으로 넘어가는 길을 택해본다. 태백에서 정선읍으로 와서 2일, 7일 열리는 정선오일장을 보거나 아라리촌을 둘러보고 평창 진부로 가는 59번 국도를 타자. 가는 길에 백석폭포를 비롯하여 강원도 내륙 산간의 모습을 제대로 만나볼 수 있다. 제법 왕래가 있는 길이지만 그래도 여유 있게 달릴 만한 드라이브 코스다.

비슷한. 그러나. 다른 여행지.

길은 우리나라 사방 곳곳에 있고 경치 또한 아름다운 길이 하나둘이 아니다.
드라이브 코스라고 소개하려면 테마가 있어야 한다. 다른 길에서는 맛볼 수 없는
뚜렷한 테마가 있는 다음 세 길은 드라이브 코스로 열 손가락 안에 꼽힐 것이다.

영광 백수해안도로

길지 않은 길이지만 아마 가장 뛰어난 해안도로가 아닐까 싶다. 영광 법성포에서 백수읍까지 대략 20km 거리다. 그 길에 모래미해수욕장과 칠산도를 바라보는 칠산정, 노을전시관과 해안데크길, 해수온천 등이 있다. 법성포를 돌아보고 굴비정식으로 식사를 한 후 쉬엄쉬엄 들러볼 곳 다 돌아도 3시간이면 충분하다.

출발 전라남도 영광군 백수읍 흥곡리
도착 전라남도 영광군 백수읍 대신리

군산 새만금방조제

일직선으로 쭉 뻗은 도로는 우리나라에서는 보기 드물다. 유일하다 싶은 도로가 새만금방조제 길이다. 마음먹고 달리자면 20분, 전망대와 쉼터, 중간에 있는 섬 신시도 산 오르기 등을 여정에 넣으면 한나절 걸린다. 채석강이 있는 격포까지 부안 해안도로를 타고 계속 달려가거나 군산 근대문화유산거리를 둘러보고 찾아가자.

출발 전라북도 군산시 비응도동
도착 전라북도 부안군 변산면 대항리

영덕 블루로드

걷기 열풍이 불며 걷는 코스로도 많이 알려진 길이다. 하지만 이 길은 드라이브를 하는 게 더 낫다. 한적한 어촌을 지나고 야트막한 언덕이 정겹게 다가온다. 블루로드는 영덕 해안도로 전체를 아우르는데 그중에서 축산항에서 오보항까지 가는 길이 백미라고 할 수 있다.

출발 경상북도 영덕군 강구면 강구리
도착 경상북도 영덕군 병곡면 병곡리

강원도에서의 1박 2일

강원도를 북쪽에서 남쪽까지 시계방향으로 크게 한 바퀴 도는 코스다. 반대로 돌아도 상관없다. 중요한 것은 일정에 따라 숙소와 맛집을 정하는 것이다. 솔직하게 말해서 유명한 맛집이라고 해서 그 옆집과 큰 차이가 난다고 말을 못하겠다.

홍천 시내에서 구룡령 지나 양양까지는 식당들이 많지 않다. 편하게 식당을 선택하려면 강릉 경포호까지 간다고 생각하자. 이어 금진항, 정동진, 묵호항, 임원항 등에서 식사하는 것으로 일정을 잡으면 된다.

여유가 있다면 해안도로에서 잠시 둘러볼 만한 곳도 챙겨보자. 강릉 경포호와 허난설헌 생가지(약 2시간 소요), 하슬라아트월드(약 2시간 소요)와 정동진(약 2시간 소요), 묵호항 등대와 벽화마을(약 1시간 소요), 동해 천곡천연동굴, 삼척 해양레일바이크와 해신당 공원(약 1시간 30분 소요), 태백 검룡소(약 1시간 30분 소요)와 황지연못(약 30분 소요) 등이 가는 길에서 만날 수 있는 여행지다.

삼척 해신당 공원

하슬라아트월드호텔

복합문화예술공간으로 꼽히는 하슬라아트월드호텔은 남다른 추억을 남길
만한 곳이다. 바닷가 언덕에 잘 단장한 공원과 예술작품이 어우러진 하슬
라아트월드는 10여 년이 넘는 시간 동안 가꿔온 정성이 담긴 공간이다. 바
다가 보이는 전망대에서 커피를 즐기고 예술작품도 감상하며 하룻밤을 보
내보자.

주소 강원도 강릉시 강동면 율곡로 1441
전화 033-644-9411 **홈페이지** www.haslla.kr

정동진선크루즈

해돋이 명소로 잘 알려진 정동진. 수많은 일출 사진에 담긴 언덕 위에 있는
배가 바로 선크루즈리조트다. 묵지 않고 입장료만 내고 둘러보기도 하는데
이왕이면 크루즈에서 자는 기분을 내보는 것도 추억일 것이다. 밤에 갑판
에 올라가 있으면 정말 바다를 항해하는 듯한 느낌이 든다.

주소 강원도 강릉시 강동면 헌화로 950-39
전화 033-610-7000 **홈페이지** www.esuncruise.com

우럭미역국

동해안은 회와 해산물 요리가 풍부한 곳이다. 강릉도 먹을거리가
많은 고장이다. 그래도 먹으면 왠지 몸이 든든해지는 음식이 있
다. 우럭미역국이 그렇나. 우럭과 미역을 넣고 끓인 미역국 한 그
릇에 힘이 넘쳐날 듯 든든하다.

• 금강산횟집
우럭미역국 10,000원
주소 강원도 강릉시 안현동 산6 **전화** 033-644-2299

물회

묵호항에 가면 꽁치 등을 썰어 넣어 달착지근하면서도 매콤한 국
물 맛으로 먹는 물회가 맛있다. 여름에 시원하게 한 그릇 하면 더
위도 싹 가신다. 집집마다 솜씨에 따라 물회 맛이 다르다.

• 동북회집
복어탕 12,000원, 물회 10,000원
주소 강원도 동해시 묵호진동 2-285 **전화** 033-532-7156

꽃길 따라 예쁜 꿈속으로

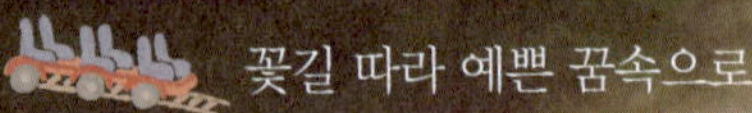

춘천 제이드가든

Healing point
예쁜 것 보며 살살 걸으며 마음 채우기
☞ 꽃길 걸으며 온몸으로 행복하기
☞ 꽃을 보며 '찰나의 아름다움' 생각하기

강 원 도
춘 천 시

'지금'
그 찰나의 美

　　조금 소란스러워도 좋다. '예쁘다, 아름답다.'를 무한 반복해도 좋다. 꽃놀이의 묘미는 약간은 흥분된 분위기와 행복한 감탄에 있으니 말이다. 꽃 한 송이만으로도 마음에 위로가 찾아오는데, 꽃길을 걷는다니 이런 호사가 어디 있나? 오랜만에 발도, 신발도 호강하는 날이다.

　　드라마 〈사랑비〉, 〈그 겨울, 바람이 분다〉 촬영지로 알려진 제이드가든은 참으로 낭만적인 산책길이다. 약 5만 평 부지에 만병초류, 단풍나무류, 블루베리 등 3,426종류의 꽃과 식물이 가꾸어져 있어 연인들의 데이트 장소로 좋고 아이들의 생태학습장, 가족들의 주말 나들이 장소로도 최고다.

　　입구에서부터 숲속으로 길쭉하게 이어진 수목원인 만큼 나무내음길(왕복 80분), 단풍나무길(왕복 100분), 숲속바람길(왕복 120분) 등 세 개의 산책 코스가 있으니 상황에 따라 택하여 걸어보는 것도 좋겠다. 그러나 꽃길과 완주 사이에는 조화롭지 못한 내성이 존재하고 있다. 물론, 미리 지도를 한 번 휙 둘러보는 것은 의미가 있다. 그래야 지금 어디에 무슨 꽃이 피고

꽃은 시간이 없다.
시들어 지는 것이기에 지금이 더욱 찬란하다.

비우기 / 채우기 / 머물기 / 떠나기

있는지를 눈치 챌 수 있을 테니 말이다. 여자 친구와 왔다면 미리 운동화를 선물하라. 하이힐을 신고 온 여자의 표정은 꽃과 미모를 경쟁하기에 스트레스가 너무 심하다.

사실 일 년 중 자연의 화려함에 취할 수 있는 날이 며칠 되지 않는다. 초록의 상큼함과 청량함이 가득한 숲길은 언제든지 마음만 먹으면 가능하지만, 울긋불긋 채색된 자연을 만나는 건 흔한 일이 아니다. 우린 꽃을 생각할 때 '지금이 아니면 볼 수 없는'이라는 단서를 붙이곤 한다. 그렇다. 꽃의 아름다움은 시간과 함께한다. 다시 말해 꽃이 아름다운 건 그것이 금세 사라질 것을 알기 때문이다. 화무십일홍(花無十日紅). 인생도 아름다움도 덧없지만 그렇기 때문에 이 순간이 귀하고 더 찬란한 것이다.

자세히 보아야 예쁘다.
오래 보아야 사랑스럽다.
너도 그렇다. _나태주

나태주의 〈풀꽃〉은 짧은 세 개의 문장으로 꽃이 진짜 꽃이 되는 이야기를 했다. 그렇다. 누구나 무엇이나 그 예쁘고 사랑스러운 구석을 찾으면 아름다운 꽃이 된다. 자신을, 또는 주변인을 꽃으로 만드는 건 관점이고, 마음이다. 늘 꽃 속에 머물고 싶다면, 예쁜 곳에서 행복하게 살고자 한다면, 내 환경을 꽃밭이라 생각하면 될 일이다.

자신의 사랑스러운 면은 얼마나 알고 있을까? 옆에 있는 사람의 좋은

점은 몇 개나 찾았을까? 꽃만 칭송할 게 아니라 매일 반복되는 일상과 지겹게 대하는 누군가를 꽃으로 만들어줄 차례다. 좋은 점을 찾고 칭찬하고 찬사의 말을 하고 기운 좋은 주문을 외우는 것. 이것이 평생을 꽃놀이할 수 있게 하는 방법이다.

할머니는 "이 꽃을 몇 번 더 볼 수 있을까?"라고 했다. 비단 백발 어른의 이야기만이 아니다. 우리 모두 과연, '그 꽃을 몇 번 더 볼 수 있을지?' 모른 채 살아가고 있다. 그러니 매 계절 다시 만나는 꽃이 고맙고, 한 해를 넘겨온 인생이 장하다. 꽃이 필 때마다 생의 연장을 감사하고 새 시작의 표시로 삼는다면 모든 계절을 새해처럼 맞이할 수 있을 것 같다.

그저 말랑말랑, 눈이 즐거우려고 떠나온 여행이지만 찬란하게 피어나고 쉬 시들어버리는 꽃을 보며 풍요와 감사와 행복, 그리고 되돌아봄과 새로운 시작을 생각한다. 계절은 아름다웠고, 다음 해 꽃이 필 때는 모든 것이 더욱 반짝반짝 빛날 것을 기대한다. SJ

🌳 **제이드가든**

주소 강원도 춘천시 남산면 서천리 산111
전화 033-260-8300
홈페이지 www.jadegarden.kr
관람시간 오전 9시~일몰 시(입장은 마감 1시간 전)
관람비용 어른 8,000원. 중고생. 장애인. 국가유공자 5,000원. 어린이 4,000원
수목원과 굴봉산역 사이 셔틀버스 운행(매시간 1회)

비슷한. 그러나. 다른 여행지.

유난히 꽃이 예쁜 여행지를 추천한다. 화천 연꽃단지는 단일품종이 보여주는 단순하면서도 우아한 아름다움이 있고, 아침고요수목원은 사계절 내내 꽃이 피고 축제도 많은 곳이다. 카멜리아힐은 동백의 다양함이 새로운 기쁨을 선사한다.

화천 연꽃단지

화천 연꽃단지는 원래 쓰레기와 오물로 가득한 오염지대였다. 2005년부터 생태계를 살리기 위해 주민들이 연을 심기 시작했고 그 결실로 수중 생태환경이 되살아났다. 수련, 백련, 순채, 가시연꽃 등 400여 종의 연꽃이 계절에 따라 꽃을 피워 아름다운 꽃길을 만드는데, 바람 부는 날이면 수천 개의 꽃송이와 연잎들이 군무를 하는 듯하다.

주소 강원도 화천군 하남면 서오지리 **홈페이지** www.금빛물결.kr

가평 아침고요수목원

10만 평 꽃들의 천국으로 수목원의 규모로는 최고가 아닐까 싶다. 그 명성에 걸맞게 자생식물 2,000여 종, 외래식물 3,000여 종 등 총 5,000여 종 식물이 계절마다 아름다운 꽃길을 만든다. 입구의 '고향집 정원'을 시작으로 각종 테마정원과 산책길, 연못, 교회, 온실, 광장, 갤러리, 야외무대 등 볼거리와 즐길거리가 많다.

주소 경기도 가평군 상면 수목원로 432
전화 1544-6703 **홈페이지** www.morningcalm.co.kr

제주 카멜리아힐

제주도 서귀포시 해발 250m 언덕 위에 가꾸어진 동백나무 수목원이다. 계절별로 피고 지는 동백 500여 종과 제주 야생화와 자생식물을 다양하게 심어놓아 사계절 내내 아름다운 꽃길을 걸을 수 있다. 꽃이 피는 시기에 따라 관람순서와 산책로를 다르게 운영한다. 갤러리, 카페, 숙소, 식당 등 편의시설이 있어 하루 정도 쉬어 가기에도 좋다.

주소 제주도 서귀포시 안덕면 상창리 271
전화 064-792-0088 **홈페이지** www.camelliahill.co.kr

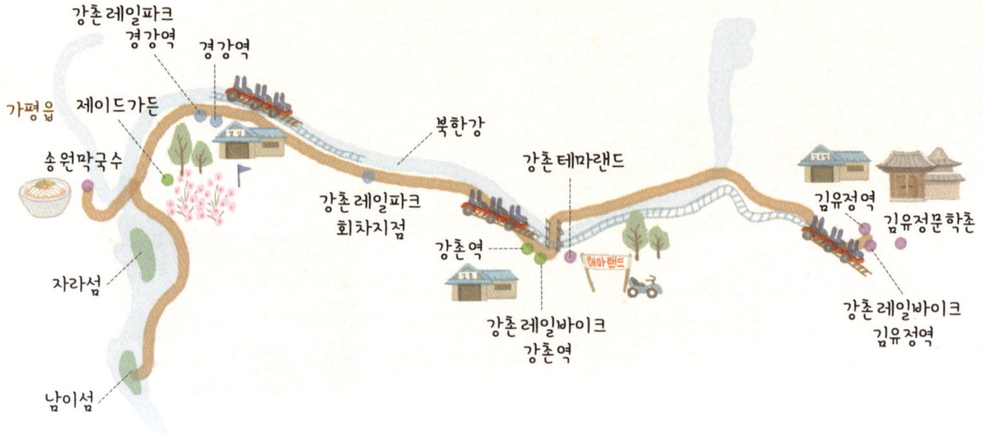

춘천에서의 1박 2일

제이드가든수목원은 춘천 남쪽 끝에 있다. 함께 둘러볼 곳도 남쪽 지역에서 찾는다. 경춘선을 타고 김유정역까지 일단 가자. 김유정문학촌을 찾아 생가와 기념관을 둘러보고 마을길도 걸으면 반나절 정도 걸린다.

김유정역에서 강촌역까지는 강촌레일파크의 레일바이크를 탄다. 북한강을 따라 내려가는 길이니 경관은 뛰어나다. 인터넷으로 미리 예약해야 하는데 경쟁이 치열하다. 강촌역에 내리면 자전거를 빌려 구곡폭포를 다녀오자. 계곡을 끼고 가는 길이 평탄하고 한적하다. 다녀오는데 또 한나절 걸린다.

자동차 여행이라면 경강역으로 가서 가평철교까지 왕복하는 레일바이크를 타는 게 좋다. 제이드가든에서 경강교를 건너면 바로 자라섬과 남이섬이다. 1박 2일로 간다면 제이드가든이나 근처 펜션에서 묵는 게 동선상 편하다.

✚ 강촌레일파크 홈페이지 www.railpark.co.kr

페 경강역 휴게실

제이드가든오토캠핑장

제이드가든 수목원과 걸어서 3분 거리에 있는 오토캠핑장이다. 야영장에 텐트를 치고 캠핑을 할 수 있다. 혹은 카라반을 예약하면 좀 더 색다른 캠핑을 즐길 수 있다.

주소 강원도 춘천시 남산면 서천리 456
전화 010-9119-8306

제이드파크

제이드가든, 강촌 구곡폭포, 용추계곡, 남이섬, 자라섬 등으로 가기 좋은 위치에 있다. 전체적으로 객실이 깔끔하고 스파 시설도 갖추고 있다. 숙박 시 제이드가든수목원 할인티켓을 구할 수 있다.

주소 강원도 춘천시 남산면 서천리 461
전화 033-264-5179

유기농 건강식

제이드가든수목원에서는 강원도 청정지역의 건강한 식재료와 수목원에서 직접 재배한 유기농 채소, 전통 장을 사용한 계절별 건강 식단을 선보인다.

- **in the garden**
닭갈비막국수정식 13,000원, 유기농샐러드 12,000원,
코스 30,000~70,000원
- **카페**
커피, 차 3,900~5,000원, 오미자꿀냉차 5,700원,
블루베리슬러시 6,800원

막국수

가평에서 춘천, 강원으로 이어지는 길에는 소문난 막국수집들이 심심치 않게 있다. 특히 가평읍 쪽에 막국수집이 많은데, 자라섬과 남이섬 여행자들이 이곳에 들러 식사를 하기 때문이다. 송원막국수는 면발이 특별한 막국수집이다.

- **송원막국수**
막국수 6,000~7,000원, 제육 15,000원
주소 경기도 가평군 가평읍 읍내리 363-1
전화 031-582-1408

상상과 가능성의 맑은 기운
태 백 검 룡 소 눈 여 행

Healing point
눈 오는 날 한강의 근원지인 검룡소 걷기
☞ 눈의 밝음과 물의 맑음 생각하기
☞ 눈을 상상하며 나를 돌아보기
☞ 검룡소라는 작은 샘 생각하기

강 원 도
태 백 시

눈꽃을 보며
상상의 꽃을 피운다

취향이야 어떻든 한 번쯤 눈을 따라 떠나보자. 태백은 '겨울'에 '무작정 떠나기'로 제격이다. 여기에 한강의 발원지인 검룡소라는 목적지를 더해보았다. 산으로 들어가지만 물을 찾아 오르는 길, 물을 보러 가는데 눈을 맞으며 오르는 길.

한강의 발원지로 알려진 검룡소는 태백산맥 금대봉 기슭에 있다. 주차장 입구에서 검룡소까지는 약 1.2킬로미터. 환경부가 정한 자연생태계보호구역이라 깨끗한 느낌이 유난한데, 눈까지 내려주면 시야와 숨결과 가슴까지 정화되는 기분이다. 오솔길은 앞 사람이 밟은 곳만 길이 나서 딱 한 명만 지날 수 있다. 어쩌다 반대편에서 사람이 오면 조심스럽게 모로 걸어 교차해야 한다. 산이 이렇게 큰데 이 시간에 허락된 공간은 딱 내 어깨만큼. 소박하고 평등하며 배려가 넘치는 산행길이다.

눈산은 상상력의 보고다. 길 양쪽으로 눈이 덮여 키 작은 나무들은 가

잠시 생명을 가리고 있는 눈,

이제 막 인생을 시작한 물…

이 사이에서 꿈과 미래를 상상한다.

지 끝으로만 자신의 존재를 미약하게 드러낸다. 키가 큰 나무들은 열매와 이파리를 숨겼고, 비위와 돌노 모난 것 없이 둥그런 형체만 보일 듯 말 듯 한다. 그래서 눈 아래 있거나 지금은 볼 수 없는 것들을 마음대로 생각해 볼 수 있다. 어린왕자가 코끼리를 삼킨 보아뱀을 생각했듯이 덮인 눈을 보고 그 안에 무엇이 있을지 상상해본다. 이럴 때는 실체가 중요한 것이 아니다. 상상할 수 있는 모든 것은 눈(snow), 그리고 눈(eyes) 아래에서 자유롭다. 이래서 눈산은 지루하지가 않다.

　마침내 도착한 검룡소를 보면 실망이 이만저만 아니다. 다른 계절에는 얼마나 힘차게 흘러내려오는지 모르지만 겨울의 검룡소는 작은 개울처럼 보인다. 이게 정말 '하루 이삼천 톤씩 석회암반을 뚫고 솟아 폭포를 이루

며 쏟아진다.'는 한강의 발원지란 말인가? 맞다. 발원이라는 것이 시작을 말하는데 시작부터 강일 리가 없다. 시작부터 대형폭포일 리가 없다. 그러나 오랜 세월 물줄기 때문에 암반 사이로 깊이 1~1.5미터, 너비 1~2미터의 구불구불한 물길이 났다. 예사 개울이라면 벌써 얼어버렸을 텐데, 이 물은 연중 9도를 유지하며 꿋꿋하게 샘솟아 흐르고 있다. 보기엔 이렇지만 매일 생산하는 물을 시작으로 개울과 강을 이루고 마침내 한강이 되어 사람들의 생활터전이 된다. 사람들은 이로 인해 그 생명을 살아가고 있다. 이 물은 미약함으로 자신을 감추고 있는 엄청난 잠재력, 미래를 품은 씨앗인 것이다.

내리는 눈과 내리는 물… 차가운 정화의 기운이 느껴진다. 눈은 상상력을 품었고, 물은 잠재력을 품었다. 이들에게서 꿈이라는 것, 미션이라는 것, 희망이라는 것을 생각한다. 겨울은 한 해를 마무리하고 새해를 시작하는 계절이다. 다소 감상적인 사색이지만 이 계절이 아니라면 언제 또 해보겠는가? 사색의 결과가 잠시의 흥분일 뿐이고 아무 결론 없는, 그저 꿈이라 할지라도… 한 번쯤은 내 속에 있는 것들을 되돌아볼 수 있는 시간이 필요하다.

되돌아오는 길… 산에서는 해가 유난히 짧다. 늦은 산행에 눈까지 오는 날씨라면 한풀 꺾인 빛의 기운이 느껴질 것이다. 고개를 들어 위를 보면 나뭇가지 사이로 허공이 보인다. 잎이 조금만 달려 있어도 볼 수 없는 하늘이다. 봄이라면 이곳이 어떨지, 단풍 물든 이곳은 어떨지, 다른 계절이 궁금해질 수도 있겠다. 어렵지 않은 산책길이다. 꿈과 희망의 재충전이 필요할 때 다시 한 번 와보는 것도 좋겠다. 검룡소에서는 여전히 미래라는 이름을 가진 담수가 힘차게 솟아오르고 있을 것이다. SJ

태백산과 눈꽃축제
우리나라의 대표적인 눈 축제인 태백산 눈꽃축제는 매년 1월 말에 약 열흘간 열리며, 태백산도립공원뿐 아니라 황지연못, 황지여중, 시내 일원 등에서 펼쳐진다.
홈페이지 http://festival.taebaek.go.kr
• 검룡소
주소 강원 태백시 창죽동 전화 033-550-2081

비슷한. 그러나. 다른 여행지.

꼭 부지런한 산악인만 눈꽃을 볼 수 있는 것은 아니다. 오를 수 있는 만큼만 올라도
절경이 아름다운 윗세오름, 곤도라를 타고 쉽게 오르는 덕유산,
아래에서 바라보기만 해도 선명하게 눈꽃이 보이는 바래봉을 찾아보자.

한라산 윗세오름

한라산 설경은 아름답기로 유명하다. 백록담까지로의 산행이
부담스럽다면 영실코스를 통해 윗세오름까지 등반해보자. 화
산 산만이 가진 지형적인 매력과 아름다운 제주 바다를 볼 수
있는 탁 트인 시야, 영실기암의 절경도 대단한데 눈꽃까지 피
었다면 말할 것도 없다. 초보 등산가도 아이젠만 있다면 어렵
지 않은 코스다.

주소 제주도 제주시 애월읍 광령리

덕유산

겨울산이 아름답기로 소문난 덕유산을 제대로 감상하는 방법
은 '종주코스'를 이용해 그야말로 덕유산을 '종주'하는 것이다.
14시간이 꼬박 걸리는 산행은 일반인보다는 평소 경험이 있는
등산객들에게 적합하다. 그렇지만 무주리조트에서 운영하는
곤도라를 타고 설천봉까지 오른 후 덕유산 정상인 향적봉까지
20분 정도 걸어가는 쉬운 방법도 있다.

무주리조트 홈페이지 www.mdysresort.com

지리산 바래봉과 눈꽃축제

지리산에 터를 잡은 바래봉은 철쭉 군락지역이면서 그 일대에
서 눈이 많기로 유명하다. 겨울에는 철쭉 특유의 잔가지가 눈
을 받아 멀리서만 봐도 평화로우면서도 잔잔한 눈꽃을 자랑한
다. 바래봉을 오르는 코스는 다양한데, 용산마을에서 임도를
거쳐 바래봉에 올랐다가 원점회귀하는 3시간 코스가 적당하다.
등산이 부담스러운 여행자를 위해 겨우내 바래봉 아래 위치한
남원 허브밸리에서 눈꽃축제가 열린다.

주소 전라북도 남원시 운봉읍 바래봉길 214

태백에서의 1박 2일

태백 여행의 테마를 하나 제안하라면 석탄산업의 발자취를 찾아다니는 여행이다. 일단 태백산 당골광장 석탄박물관을 찾자. 석탄의 생성과 채취 과정은 물론 광부들의 삶과 애환, 지하갱도체험 등 석탄산업 전반에 대해 알 수 있는 곳이다.

다음은 장성탄광을 찾아 석탄최초발견지탑을 사진에 담기. 1926년 일본인들이 석탄을 발견한 이래 지금까지 90년 동안 석탄을 캐고 있다. 이어 철암역이다. 국내 최초의 무연탄 선탄시설로 문화재로 지정된 곳이다. 선탄시설이란 탄광에서 캔 원탄을 선별하고 가공하는 시설이다.

장성탄광에서 철암역을 가는 길에 365세이프타운이 있다. 지진, 해일, 설화, 산불 등 각종 재해에 대한 대처법을 익히는 체험형 테마공원이다. 마지막은 상장동 벽화마을이다. 탄광회사 사택촌이었던 마을로 그 시절 애환을 벽화로 새겨 간직하고 산다. 이렇게 다니면 태백 남쪽 지역을 한 바퀴 빙 돌아본 셈이다.

✚ **365세이프타운** www.365safetown.com
✚ **태백 석탄박물관** www.coalmuseum.or.kr

365세이프타운

오투리조트

해발 1,400m에 있는 휴양리조트로 스키장, 골프, 단체연회, 콘도, 호스텔 등 레저시설과 함께 편의시설이 있어 가족 여행자뿐 아니라 회사 워크숍이나 수련회로 이용하기 좋다.

주소 강원도 태백시 서학로 861
전화 033-580-7000 **홈페이지** www.o2resort.com

태백고원자연휴양림

태백시에서 운영하는 휴양림으로 해발 700m 고원의 숲속에 자리 잡아 쾌적함을 자랑한다. 하룻밤 묵어가는 것만으로 삼림욕이 저절로 되며 펜션 이외에도 야영장을 갖추어 캠핑족에게 인기가 높다.

주소 강원도 태백시 철암동 산90-1 **전화** 033-582-7440

물닭갈비

볶음 음식인 닭갈비에 육수를 부어 부드럽게 먹는, 묽은 닭갈비다. 여기에 집집마다 양념과 곁들이는 채소로 비법이 다양한데, 즉석떡볶이처럼 입에 착 붙는 맛이 공통점이다.

• **태백닭갈비**
물닭갈비(1인분) 6,000원(볶음밥 1,000원 추가)
주소 강원도 태백시 황지동 44-63 **전화** 033-553-8119

태백한우

광부들이 고된 노동 후 한우 갈비살구이를 즐겨 찾았는데, 그래서인지 태백 한우는 생갈비살이 유명하다. 탄광의 도시답게 연탄불에 구워 먹는 맛이 제격이다.

• **태백한우골**
생갈비살 25,000원, 육회 23,000원
주소 강원도 태백시 황지동 405-15 **전화** 033-554-4599

고등어조림

시래기를 듬뿍 넣어 조린 고등어조림과 칼칼하게 양념한 두부조림이 일품이다.

• **해조림**
고등어조림 7,000원, 두부조림 6,000원
주소 강원도 태백시 황지동 418-16 **전화** 033-553-7791

격변의 시대를 가다

대구 근대로 청라언덕

Healing point
대구 근대로 청라언덕에서 치열함의 가치 생각해보기
☞ 3.1 만세운동길 걷기
☞ 선교사의 집과 동산의료원의 흔적 더듬기
☞ 청라언덕 노래비와 은혜정원 둘러보기
대 구
광 역 시

청라언덕의 추억,
그 아름답고 처절했던
백 년의 이야기

　　청라언덕은 대구 골목투어 중 2코스에 해당한다. 전체 코스는 청라언 덕을 시작으로 계산성당, 이상화·서상돈 고택을 거쳐 화교협회에 이르는 1.54킬로미터의 가벼운 산책길이다. 거리상으로는 길지 않은 이 코스가 역사적으로 의미 있는 곳이 많아 하루가 모자랄 지경이다. 청라언덕만 보 더라도 세 채의 선교사 저택이 선교박물관, 의료박물관, 교육박물관으로 개방되어 있고, 대구 3.1만세운동길(90계단길), 동무생각 노래비와 동산의 료원 개원 100주년 종탑, 대구제일교회 100주년기념관, 은혜정원 등 볼 거리가 집약되어 있다.

　　시작은 3.1만세운동길에서부터 열린다. 집안이 어려우면 아이들이 일 찍 철든다고 하더니, 그 당시 우리의 십대들은 속이 꽉 찬 성인과 다를 바 없었나 보다. 계성학교, 신명학교, 성서학당, 대구고보 학생들은 나라의 독립을 위해 목숨을 내놓았다. 쉬 찢어지는 태극기를 든 학생들은 총칼을

이곳에서는 그들 모두가 치열했다.
그것이 독립이든, 선교든, 사랑이든…

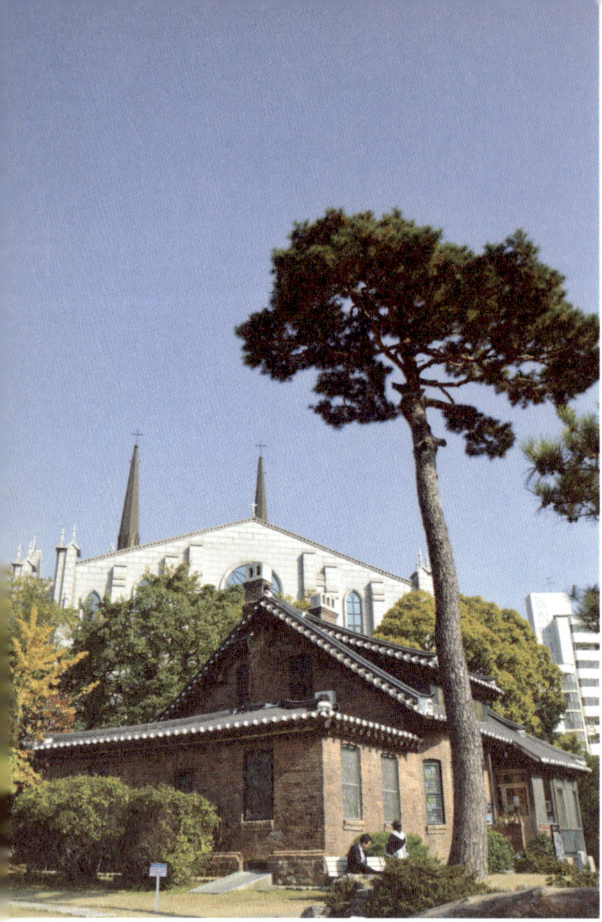

CHAMNESS
BARBARA F.
1927

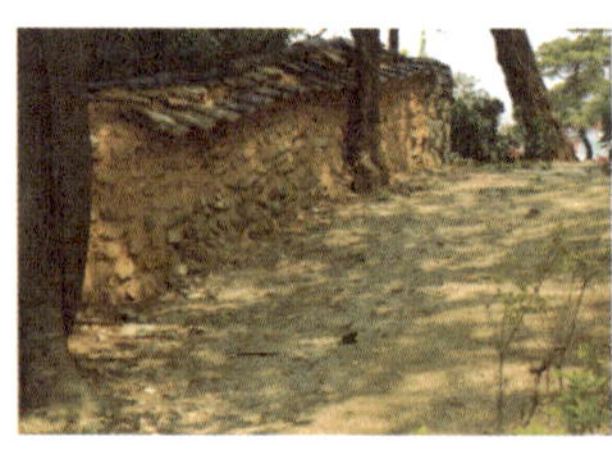

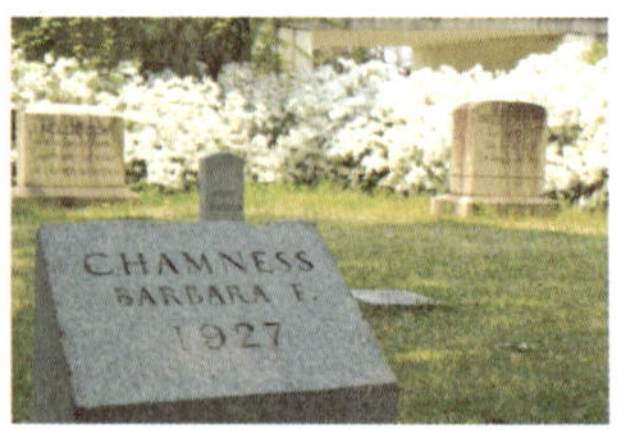

든 일본 경찰과 맞섰다. 일제의 눈을 피해 동산병원 소나무숲으로 은밀히 모였고, 90계단을 따라 시내로 이동해갔다. 긴장되고 떨리는 마음을 무심한 표정 뒤로 감추고 솔밭언덕과 골목을 오가던 학생들…. 모르고 지나쳤으면 언덕바지 동네의 좁은 길이겠지만 안내문을 읽어보는 것만으로도 상상이 증폭된다. 계단 벽에 있는 오래된 그림을 하나씩 살펴보며 옛날의 모습을 구체적으로 그려보니 감사의 마음이 절로 생긴다.

선교사들의 옛집과 동산의료원의 흔적은 1900년대 초, 그 시절이 그대로 느껴진다. 특히 마르타 스윗즈 선교사가 살았던 집은 붉은 벽돌집에 기와지붕을 얹어 한옥식으로 마무리했다. 그러니까 몸은 서양식, 머리는 한국식이다. 여기에 이야기가 하나 더 있다. 일제가 대구읍성을 철거할 때 성돌의 가치를 알고 주택의 주춧돌을 삼았다고 한다. 아직도 집 옆으로는 토성의 흔적이 남아 있다. 그들은 나름대로 소명을 가지고 이곳에서 적응하며 이곳을 사랑하고자 했을 것이다. 하지만 익숙하고 편한 곳을 떠나 낯설고 시끄러운 시대로 이주해왔기에 고향이 그립고 같은 추억을 가진 사람들이 그리웠을 것이다. 집에서는 그들이 자라온 환경과 생활상이, 지붕에서는 낯선 땅에서 융화하고자 하는 마음이, 토성의 흔적에서는 옛 모습을 존중하고 지켜주고자 하는 의지가 엿보인다.

그런데 선교사 저택 사이로 웬 노래비 하나가 있다. '봄의 교향악이 울려 퍼지는, 청라언덕 위에…' 그렇다. 이 유명한 노래의 청라언덕이 바로 이곳이다. 푸른 담쟁이를 뜻하는 청라(靑羅)는 선교사집의 담쟁이를 묘사

한 것이다. 작곡가 박태준의 풋풋한 사랑 이야기를 듣고 시인 이은상이 시를 썼다는데, 덕분에 이곳에 로맨스 하나를 더했다. 박태준은 신명학교 여학생을 짝사랑했고, 시인은 그녀를 백합이라 표현했다. 당시 노래들이 슬프고 우울했던 것에 비해 이 노래, 동무생각은 따뜻하고 정감이 있다. 박태준뿐 아니라 시인 이상화, 화가 서동진과 이인성 등이 이곳을 오가며 근대 예술의 꽃을 피웠다. 생각해보면 당시 이 언덕은 이색적이고 특별하고 다소 위험한 곳이었다. 학생들이 은밀히 오가고, 처음 보는 서양식 집에선 담쟁이가 계절을 말해주었으니 말이다.

그러고 보니 영화 같은 곳이다. 일제강점기의 치열한 투쟁, 개화기의 새로운 문물과 예술가들의 삶과 로맨스까지. 어찌 생각해보면 그 어려웠던 시절을 '영화 같다' 하는 것이 무척이나 송구한 노릇이다. 그렇지만 침울함에 휩싸여 무거운 상념에 머무는 것을 그들도 바라지 않을 것이다. 과거의 이야기로부터 용기를 얻고, 지금을 더 힘차게 살자고 다짐하며 청라언덕을 다시 한 번 쓰윽 둘러본다. SJ

골목투어는 산보하듯 거닐며 느끼고 생각하는 데 매력이 있다. 청라언덕에서 90계단을 따라 내려와 드라마 〈사랑비〉의 촬영장이 된 쎄라비에서 차 한잔 마시고, 계산성당을 둘러본 후 이상화 고택과 서상돈 고택을 보는 정도로도 충분하다.

청라언덕 주소 대구광역시 중구 동산동
제2코스 근대문화골목 동산청라언덕 ⇨ 3.1만세운동길 ⇨ 계산성당 ⇨ 이상화·서상돈 고택 ⇨ 뽕나무골목 ⇨ 제일교회 ⇨ 익령시 한의약박물관 ⇨ 영남대로 ⇨ 진골목 ⇨ 화교협회

비슷한. 그러나. 다른 여행지.

하나의 주제를 가지고 여행을 하면 집중도가 높아지고 진한 여운이 남아 좋다.
대상에 대한 과거와 현재가 느껴지고, 그곳에서 전문가를 만나게 될 확률도 높다.
전국적으로 유명한 테마 거리 세 군데를 소개한다.

강릉 안목해변과 커피 여행

안목해변은 예전엔 수십 대의 커피자판기가 있던 거리였다. 바다를 보러 차를 달려 오는 사람들이 즐기던 커피 한 잔의 여유. 이곳에 점차 에스프레소 커피숍과 로스터리 카페들이 자리를 잡으면서 유명해졌다. 이외에도 강릉에는 커피박물관, 커피농장 등 커피 애호가들이 좋아할 만한 명소가 많다.

커피박물관 · 커피농장 커피커퍼 http://cupper.kr
로스터리 카페 보헤미안 www.ebohemian.co.kr

이태원 앤틱가구거리

세계 여행자들이 몰려드는 이태원에 색다른 명소가 있다. 바로 90여 개의 이국적인 가구점이 자리 잡고 있는 앤틱가구거리다. 가구를 비롯해 전자제품, 기구, 소품, 장식품, 인형, 장난감 등 주로 유럽과 미국의 앤틱제품과 빈티지제품들이 가득하다. 쇼핑을 목적으로 하지 않더라도 천천히 걸으면서 하나하나 살펴보는 맛이 특별하다.

홈페이지 www.itaewonantique.com

부산 보수동 책방골목

부산 보수동, 모든 것이 빨리 변해가는 세상에서 60여 개의 서점들이 길게는 50년 이상 꿋꿋이 자리를 지켜오고 있다. 이렇게 보수동 책방골목은 부산의 관광명소가 되었다. 고서에서부터 최신 잡지까지 책 종류도 다양해 한번 골목에 들어서면 시간을 도둑맞은 느낌이 들 정도다. 그러니 차 시간을 정해둔 여행자라면 수시로 시간을 체크하는 것이 좋을 것이다.

홈페이지 www.bosubook.com

제2코스 근대문화골목

대구에서의 1박 2일

대구 골목투어가 코스로 정비되면서 많은 여행자들이 대구를 방문하고 있다. 5개의 코스와 야경투어, 맛투어로 구성된 대구 골목투어는 취향에 따라 골라 걷는 재미가 있다. 근대골목은 1900년대 초에서 1980년대에 이르기까지 이들이 살아온 생활상과 역사를 볼 수 있고, 방천시장 주변의 김광석거리는 8,90년대를 추억하는 세대에게 특별하다. 관덕정, 계산성당, 성모당, 성유스티노신학교로 이어지는 천주교 성지순례도 의미가 있고, 화교학교와 한약방거리도 흥미롭다.

한편 대구는 먹자골목과 유명한 맛집도 많이 있다. 납작만두로 간식을 먹고, 로스터리 카페에서 커피 한잔 마시고, 찜갈비 골목에서 저녁을 먹고, 닭똥집골목에서 맥주와 야식을 먹는 것만으로도 1박 2일 여행 코스가 해결될 정도다.

✚ 대구 골목투어 http://gu.jung.daegu.kr

대구 계산성당

소담정

한옥 게스트하우스로 주차와 취사가 가능하다. 한옥 독채에 방이 3개 있어 가족 단위로 펜션처럼
머물고자 하는 여행자들이 이용하기에 좋다.

주소 대구 중구 대신동 296-14
전화 053-295-1065

다님백패커스

배낭여행자, 골목 걷기 여행자들에게 인기가 좋은 게스트하우스로 대구점과 진골목점이 있다. 도미
토리룸과 커뮤니티룸이 활성화되어 있어 외국인 여행자들에게도 인기가 높다.

주소 대구 중구 봉산동 135-9 2층
전화 070-7532-9119
홈페이지 http://cafe.naver.com/danimbackpackers

납작만두

대구의 대표 주전부리로, 얇은 만두를 빠르게 구워 간장, 식초, 고
춧가루를 식성에 따라 양념해 먹는다.

• **미성당납작만두**
납작만두 2,500~3,000원, 쫄면 3,500원, 우동 2,800원, 라면 2,500원
주소 대구 중구 남산 4동 104-13
전화 053-255-0742

치킨과 닭모래집

평화시장 닭똥집골목이 유명하다. 닭모래집은 일반적인 간장볶음
이 아니라 튀겨 나오는 것이 특징이다. 저렴하고 푸짐한 차림으로
학생들에게 인기가 높다.

• **궁전통닭**
모듬똥집 13,000원, 찜닭 17,000원, 치킨 14,000원
주소 대구 동구 신암동 597-13
전화 053-957-4636

숲과 호수와 물안개와 나

청 송 주 산 지

Healing point
새벽 호수에서 일출 맞이하기
☞ 낯선 새벽 걷기
☞ 푸른 송림에서 기운 얻기
☞ 고요한 호수에서 평정심 다지기

경상북도
청 송 군

물안개가 걷히면
3백 년 삶이 드러난다

청송 주산지 가는 길은 언제나 어두컴컴한 새벽이다. 아침 해를 보기 위함이니 그럴 수밖에 없다. 주차장에 차를 세우고 산속 저수지까지 20여 분 걸어 올라야 한다. 청송의 산들은 기암절벽들이다. 병풍 같은 절벽들 사이로 계곡이 열려 있는데 좌우로 소나무들이 울울창창 숲을 이룬다. 쭉쭉 뻗은 키 높은 송림 사이로 아직은 어두운 새벽하늘이 걸려 있다.

길은 적당한 오르막길이고 평탄하다. 소나무 우거진 숲길이 탁 트일 때쯤 오른쪽에 제방이 보인다. 제방에 올라서면 사방 늘어선 산봉우리들 아래 작은 호수가 있다. 어쩌면 실망스러울 수도 있다. 이 작은 호수가 뭐라고 새벽바람 맞으며 달려왔을까.

해는 제방 맞은편 산봉우리 위로 솟는다. 호수 왼쪽으로 길이 있다. 서너 사람 나란히 걸을 만한 길이다. 몇 분 걸리지도 않는 짧은 길은 호수 끄트머리 못 가서 끊기고 그 자리에 전망대가 있다. 전망대 앞 호수에는 물속 발을 담근 고목 몇 그루가 보인다. 이제 앉아서 기다리기만 하면 된다.

울울창창 송림의 새벽빛 깨치고
산속 고요한 호수에서 해를 기다린다.
삼백 년 버드나무에 물이 오르는 소리
물안개 흐르는 소리
그리고 해가 뜨며 만물이 일어나는 소리

주산지의 아침은 고요하고 부산하다.

해가 뜰 때까지.

3백 년 물을 담았던 주산지가 알려진 건 순전히 영화 〈봄 여름 가을 겨울 그리고 봄〉 덕분이다. 주산지 한복판에 있는 절. 뗏목 위에 세운 법당. 나룻배를 저어 가야 하는 절. 피안의 강을 건너간다는 문구가 절로 떠오르는 절이다.

영화는 이렇다. 노스님과 동자승이 호수 위 뗏목 절에 산다. 봄이다. 동자승은 커서 소년이 됐고 요양 차 왔던 소녀를 못 잊어 몸부림치다 끝내 절을 떠난다. 여름이다. 십여 년 세월이 흘렀다. 소년은 아내를 살해한 남자가 되어 돌아온다. 불상 앞에서 자살하려는 남자. 노스님은 매질을 하고 반야심경을 쓰라고 한다. 끼니까지 굶어가며 반야심경을 쓴 남자는 잡으러 온 경찰을 따라 다시 절을 떠난다. 노스님은 스스로 다비식을 치른다. 가을의 일이다. 세월은 흐르고 중년이 되어 돌아온 남자는 폐허가 된 절에서 홀로 산다. 어느 겨울날 한 여인이 어린아이를 데리고 와서는 그날로 세상을 떠난다. 어린아이는 그 옛날 남자가 그랬듯 물고기와 개구리를 괴롭히는 천진난만한 동자승으로 자란다. 그리고 봄이다.

영화에서 보여준 주산지의 사계에 사람들은 눈을 의심했다. 저런 곳이 있었나. 수많은 사진작가들이 몰려와 주산지의 사계 특히 가을철 물안개를 찍느라 새벽마다 장사진을 쳤다. 절은 사라졌지만 길이 넓어지고 전망대가 생기고 3백 년 세월 홀로 축축 늘어지던 왕버드나무들이 카메라에 담겼다. 주산지는 베스트 여행지가 됐다.

주산지에 서면 침묵이라는 단어가 저절로 떠오른다. 3백 년 고요가 깨지고 아침마다 사람들이 찾아와 소란스러운데 주산지는 말이 없다. 더더욱 기이한 이는 버드나무들이다. 원래 물이 흐르는 개울가에 있던 나무들. 제방을 쌓아 물이 불어나자 밑동이 잠겼는데 나무는 그래도 사는 모양이다. 물에 잠긴 나무들이 안쓰러운데 사람들의 괜한 염려일 뿐이다. 물속에 있지만 살아 있어 썩지 않는다. 무릇 산 것은 썩지 않는다.

주왕산 줄기가 뻗어 내린 산속의 작은 호수다. 호숫가 산책로를 왔다가는데 삼십 분도 걸리지 않는다. 카메라를 든 사람들은 호수를 담는 데 한 시간 남짓 쓴다. 그런데 묻고 싶다. 호수의 침묵을 느끼는 데는 얼마나 시간이 필요한지… 호수 저 밑바닥 3백 년 세월 담은 깊이는 얼마나 깊은 것인지…. MH

주산지는 조선 경종 원년 1721년 만든 농업용 저수지다. 지금은 길이 100m, 너비 50m의 조그마한 산중 호수가 됐다. 물속에 잠긴 채 자라는 왕버드나무가 유명하다. 주산지는 대개 주왕산과 함께 찾는다. 주왕산국립공원단지에 민박과 펜션 등이 몰려 있다. 여기에서 주산지까지는 자동차로 10여 분 거리에 있다. 대중교통으로 주산지를 찾는다면 주산지 앞에 있는 몇몇 민박에서 묵지 않는 한 황금빛 햇살을 받으며 피어오르는 새벽 물안개를 보기 어렵다.

주소 경상북도 청송군 부동면 이전리
전화 054-870-6240

비슷한. 그러나. 다른 여행지.

여행지에도 꾸준히 인기를 누리는 베스트셀러가 있다. 베스트 여행지를 꼽고 30위까지 순위를 매기면 아래 세 군데는 그 안에 들어갈 것이다. 연인, 친구, 가족 등 누구와 함께 찾아도 좋고 봄 여름 가을 겨울 언제 찾아도 좋은 여행지다.

보성 녹차밭

차는 사철나무다. 언제 찾아도 푸르다. 잘 단장한 녹차밭은 마치 잘 다듬은 정원 같아 보인다. 새벽안개가 밀려오는 차밭 풍경 또한 수채화가 따로 없다. 차밭을 거닐며 사진을 찍고 녹차비빔밥이나 녹차생돈까스 등 녹차가 들어간 음식과 녹차한과, 녹차라떼 등을 맛보면 하루가 간다.

주소 전라남도 보성군 보성읍 봉산리 1288-1
전화 061-852-4540 **홈페이지** www.dhdawon.com

평창 대관령 양떼목장

대관령으로 넘어가는 고갯마루에 있는 목장이다. 널따란 주차장과 휴게소 뒤편으로 조금 걸어 들어가면 갑자기 시야가 탁 트이며 푸르른 풀로 뒤덮인 언덕이 나타난다. 드넓은 초지에 하얀 양들이 풀을 뜯는 모습은 보기만 해도 평화롭다. 카메라를 들고 어디를 찍어도 그림이 되는 곳이다.

주소 강원도 평창군 대관령면 횡계3리 14-104
전화 033-335-1966 **홈페이지** www.yangtte.co.kr

포항 호미곶

한반도를 대륙을 향해 도약하는 호랑이로 보면 꼬리 부분에 있다. 새해 첫날이면 해돋이를 보기 위해 전국에서 수만 명이 모여드는 일출명소다. 평소에도 새벽이면 일출을 맞이하기 위해 찾는 인파가 끊이지 않는다. 해맞이광장과 새천년기념관, 바다에서 솟은 상생의 손, 등대 등 볼거리도 심심찮다.

주소 경상북도 포항시 남구 호미곶면 대보리
전화 054-270-5855(새천년기념관)

청송에서의 1박 2일

청송을 제대로 둘러보려면 이틀도 빠듯하다. 청송 여행의 중심은 주왕산이다. 주왕산은 정상 산행보다 입구에서 내원마을까지 임도였던 길을 따라 가볍게 다녀오는 정도가 적당하다. 오가는 길에 주왕굴을 둘러보고 폭포와 기암절벽이 빚은 선경을 감상하는 데 더 많은 시간을 쓰자.

주왕산국립공원에서 자동차로 50분 정도 거리에 달기약수가 있다. 달기약수는 철분이 들어 있어 쇳물맛이 나는데 위장병에 효과가 있다고 한다. 폐교를 단장해 개관한 청송 야송미술관은 야송 이원좌 화백이 기증한 한국화 350여 점과 조각품 등을 전시하고 있다. 교실 한 면을 꽉 채운 커다란 화폭에 담긴 산수화는 보는 사람을 압도하는 힘이 있다. 청송읍에서 5분 거리에 있는 솔기온천도 여행 중에 들러볼 곳이다. 알칼리성 온천이 여행의 피로를 씻어준다.

청송의 새로운 명물은 양수발전소다. 전력이 남는 밤에 산꼭대기에 물을 끌어 담았다가 낮에 흘려보내면서 전기를 얻는 시설이다. 발전소 높은 곳에서 바라보는 청송의 풍경이 장관이다. 그 외 냇가 바위 위에 세운 조선의 정자 방호정도 찾아볼 만한 절경이다.

방호정

주왕산온천관광호텔

이름은 주왕산온천관광호텔이지만 실제로는 주왕산국립공원 입구가 아니
라 청송읍 근처에 있다. 주왕산과 달기온천 사이에 있어 왔다 갔다 하는 감
이 있긴 하지만 시설이 깔끔하고 조식뷔페를 하는 등 장점도 있다. 그 외
숙박단지로는 달기약수터마을의 민박촌과 주왕산국립공원단지에 있는 민
박 펜션들인데 가격이 그리 만만치는 않다.

주소 경상북도 청송군 청송읍 월막리 69-2
전화 054-874-7000 **홈페이지** www.juwangspahotel.co.kr

송소고택

조선시대 만석꾼이었던 99칸 심부자집을 단장해 한옥체험을 하는 곳이다.
청송 심씨는 조선시대 숱한 정승과 왕비, 부마를 배출한 명문가였다. 안사
랑채와 별당, 행랑채 등 13실의 방을 운영하고 있는데 주말에는 사람들이
많으니 미리 예약해야 한다.

주소 경상북도 청송군 파천면 덕천리 176 **전화** 054-874-6556 **홈페이지** www.송소고택.kr

토종불백

달기약수터에서 맛볼 수 있는 음식이 약숫물로 끓인 백숙
이다. 약숫물로 지은 밥은 푸른빛이 감도는데 맛이 깊고 찰
지다. 백숙과 함께 닭가슴살을 잘게 다져 양념에 무친 다음
석쇠에 구운 불고기를 먹으면 배가 터질 듯하다.

• 서울여관식당
토종불백(2인분) 40,000원
주소 경상북도 청송군 청송읍 부곡리 299-5 **전화** 054-873-2177

산채정식

주왕산국립공원단지에 있는 식당들은 가격이 좀 비싸다. 산나물과 집
된장 등을 내는 산채정식은 집집마다 비슷한 가격을 받는데 제대로
들어가지 않으면 왠지 바가지 쓴 느낌도 들 수 있다. 청솔식당의 산채
정식은 갖가지 산채와 밑반찬이 깔끔하다. 직접 담근 된장도 쌉싸름
한 맛이 입맛을 돋운다.

• 청솔식당
주소 경상북도 청송군 부동면 상의리 319 **전화** 054-873-8808

경 주 자 전 거 여 행

Healing point
몸을 소진하는 여행 맛보기
☞ 경주 맛집 다니며 에너지 충전하기
☞ 학생처럼 여행하기
경상북도
경주시

소진하고
충전하는 기쁨

늦었다고 생각하지 말자. 무섭다고 생각하지 말자. 자전거 여행은 수고만큼의 즐거움이 있다. 경주는 자전거로 돌아보기 가장 좋은 곳이다. 경주 시내에는 대릉원, 천마총, 첨성대, 반월성, 향교, 박물관, 안압지, 분황사, 황룡사지가 반경 5킬로미터 안에 몰려 있다. 그러니 경주 시내의 볼 만한 장소와 맛집을 둘러보기 위해 자전거로 1박 2일 정도면 되겠다. 몸이 동력이니 잘 먹어주는 것은 당연한 일. 경주에서는 맛집을 포인트 삼아 자전거를 달려보는 것도 좋다. 맛있는 식당이 이번 여행의 주유소, 또는 충전소가 되는 것이다.

시작은 '경주와 자전거' 하면 떠오르는 곳, 첨성대를 포함하고 있는 경주 역사유적지구로 한다. 이곳을 기점으로 찻길을 건너면 대릉원과 천마총이 있고, 첨성대를 등지고는 정면에 반월성과 석빙고, 교동 쪽으로는 향교와 최부자집을 만날 수 있다. 자전거로 달리면 시원할 뿐 아니라 낮은

자전거 여행은 정직하다.

내 발을 엔진 삼아, 내 몸을 차체 삼아, 내 기운을 연료 삼아 달린다.
마음이 어지럽다면 더더욱 해볼 일.

몸의 에너지가 소진할 때 복잡한 생각들도 함께 빠져나온다.

언덕과 내리막이 나름대로 스릴 있다. 향교까지 넘어가는 것은 금방이다. 이쪽으로 가면 뒷골목 어디쯤에 유명한 김밥집이 하나 있다. 왠지 자전거 여행과 잘 어울리는 김밥. 마침 출출하니 엔진에 기름 좀 넣어야겠지? 김밥 한 줄 사서 월성지구나 계림의 벤치에 앉아 피크닉 분위기를 즐긴다.

출출한 배를 채웠으니 분황사와 황룡사지로 간다. 자전거를 타니 경주 시내에서는 남부럽지 않은 기동력을 지녔다. 골목과 도로를 자유자재로 누빌 수 있다. 도착한 분황사에서는 천 년 고찰의 이야기 속에 흠뻑 빠졌다가, 터만 남은 황룡사지에서는 고터의 쓸쓸함에 젖어본다. 소풍 나온 동네 초등학생들이 빈터에서 작은 운동회를 하는 모습도 구경하고, 이 넓은 들에 있었다는 고찰을 상상해보는 것도 재미있다.

돌아올 때는 다른 길을 택해본다. 저녁이 되었다면 안압지도 좋다. 안압지는 경주에서 야경이 좋기로 유명하다. 화창한 대낮보다 어둠이 깔린 밤에 사람들이 몰리는 곳이다. 신라시대에 인공 연못, 산, 섬을 만들었다니 호화롭고 신비한 기운이 밤에도 위풍당당하게 그 위용을 뽐낸다.

간식과 함께 경주를 달렸으니 이제 제대로 식사를 해보자. 하루 종일 경주 시내를 운행한 기사에게 스스로 내리는 상이다. 유명한 쌈밥집과 한정식집도 많지만 동네 어르신들께 여쭤어 조금 특별한 메뉴를 골라본다. 아귀수육. 아귀찜은 많지만 하얗게 삶아낸 아귀수육은 흔치 않다. 탱탱하게 살 오른 아귀수육을 칼칼한 숙주, 미나리무침과 함께 한입 먹어본다. 담백한 아귀가 입속에서 리듬 있게 씹히는 중에 상큼한 나물이 심심치 않게 포인트를 주는 것이 아귀찜과는 또 다른 맛이다. 소진과 충전의 기쁨이 바로 이런 것 아닐까?

숙박도 합리적이고 현실적으로 정해본다. 편안한 호텔 숙박은 다음번 휴식 여행 때 택하기로 하고, 이번에는 경주 시내에 있는 게스트하우스나 펜션에 묵어본다. 어차피 다음 날 여정에서 자전거를 타려면 멀리 떨어진 호텔단지보다는 시내가 편하다.

다음 날은 경주박물관을 향한다. 사실 경주를 제대로 알려면 박물관을 한 번은 들러보아야 한다. 진짜 보물과 역사는 그곳에 다 있으니 말이다. 시간이 많이 필요한 곳이다. 하루 날 잡아서 보든가, 필요하거나 흥미로운 부분만 집중해서 관람하는 것이 가장 효율적인 방법이다.

자전거를 타고 경주를 종횡무진 했으니 마지막으로 시원한 에너지 보충 시간을 갖는다. 부산 밀면과는 또 다른 맛, 경주 밀면으로 과열된 엔진에 상큼한 휴식을 제공한다. 맛있다고 소문난 집은 언제 가도 줄이 길다. 열심히 달리고, 보고, 즐겼으니 무엇을 택하든 맛은 중간 이상일 것이다.

자전거 여행은 정직하다. 움직이면 피곤하고 목마르고 배고프다. 마침내 찾아간 여행지는 감격이고, 허기진 이후의 식사는 포만감으로 행복하다. 몸을 소진하면 잡념도 사라지고 일상의 사소한 갈등쯤은 대범하게 내던지게 된다. 이것이 바로 재충전이고 마음의 휴식 아닐까? SJ

경주자전거여행 www.gjbike.net　　경주문화관광 http://guide.gyeongju.go.kr

비슷한. 그러나. 다른 여행지.

자전거 인구가 증가하면서 전국 곳곳에 자전거 길이 생겼다.
경치가 좋고 길이 잘 닦여 있어 일찍부터 발달한 자전거도로 세 곳을 추천한다.
충주호가 전문적인 실력을 요한다면 한강은 편하고 강화 해안도로는 한적하고 적당하다.

충주 충주호

충주댐으로 생겨난 인공호수지만 크기가 67.5km²나 되는 절경의 호반길을 자랑한다. 강원 내륙지방에서 시작해 물을 따라 월악산(1,097m), 금수산(1,016m)과 어우러진 이곳의 풍경은 시시각각 아름답기로 유명하다. 그중에서 가장 아름다운 곳은 제천시에서 충주호 리조트까지 41km 정도의 구간이다. 바위들이 둘러싸고 있는 산수화 같은 경관이 100리나 이어진다. 그런데 자전거도로의 반 이상이 비포장도로라 사실 전문 라이더들에게 적합한 코스다.

강화 해안도로

역사와 문화유적이 풍부한 강화에도 자전거도로가 있다. 섬을 감싸는 총 90km 해안일주 코스다. 주요 스폿은 강화역사관을 시작으로 강화평화전망대, 창후리, 외포리 흥왕리, 초지진이다. 북쪽해안은 군사보호구역으로 통행이 자유롭지 못하지만 그래서 독특한 매력이 있다. 갯벌이 감싸고 있는 독특한 섬의 모습을 보는 것과 역사를 따라가는 특별한 감상이 있는 길이다.

서울 한강공원

한강공원은 잠실, 광나루, 뚝섬, 잠원, 반포, 이촌, 여의도, 선유도, 양화, 난지, 망원, 강서 등 12개 지구로 나뉘어 있고, 서울 한강 본류와 지류에 개설된 자전거도로는 총 연장 240km에 이른다. 여의도공원, 월드컵공원, 절두산순교성지, 서울숲 등 한강에 접해 있거나 가까운 여행지들이 많다. 서울시에서는 여의도와 상암 지역에 공공자전거 대여서비스를 운영하고 있다.

서울시 공공자전거 www.bikeseoul.com

경주에서의 1박 2일

본문에서 자전거 길을 중심으로 1박 2일 여행을 소개했다면 이번에는 특이한 즐길거리와 여행지에 대한 팁 몇 개를 소개하겠다.

우선 경주역 앞 성동시장이 재미있다. 어머니 손맛이 느껴지는 반찬 뷔페를 맛볼 수 있는 곳이다. 저렴한 가격으로 나물, 무침, 튀김, 계란말이, 전, 밑반찬, 국 등 20여 가지 각종 반찬을 마음대로 먹을 수 있다. 식사를 마치고 나면 주는 요구르트마저 애교 있는 곳.

첨성대 앞 공원은 경주 여행할 때 꼭 들르게 되는 곳이다. 철 따라 피는 꽃이 예쁘고, 한적한 라이딩뿐 아니라 산책에도 좋다. 안압지는 야경이 좋고, 황룡사지는 그늘이 없으므로 햇빛 강한 여름철의 오후는 피하는 게 좋다. 경주문화관광 사이트에 가면 여행에 대한 다양한 정보를 얻을 수 있고, 입장료, 교통, 음식 할인혜택을 받을 수 있는 시티패스도 있으니 미리 알아보고 가자.

✚ **경주 시티패스** www.citypass.me

경주고속터미널 앞

경주게스트하우스

경주역 앞에 자리 잡은 게스트하우스로 자전거를 대여할 수 있다. 경주게스트하우스에 예약했다면 반드시 수건을 가져가야 한다.

주소 경상북도 경주시 황오동 138-2 **전화** 054-745-7100 **홈페이지** www.gjguesthouse.com

경주 사랑채민박

한옥 게스트하우스로 외국인 배낭 여행자들에게 인기가 높다. 대릉원 뒤쪽에 자리 잡고 있어 경주 역사유적지구가 가깝고 경주 시내 유명한 맛집도 근처에 많이 있다.

주소 경상북도 경주시 황남동 238-1 **전화** 054-773-4868

힐링 푸드

성동시장 먹자골목

경주역 앞 성동시장 안에는 독특한 형태의 먹자골목이 있다. 20가지 이상의 반찬을 뷔페식으로 먹는 밥집이다. 이곳에서 도시락 포장도 가능하니 유적지로 나가 마땅한 식당이 없을 경우 이용하면 좋다.

• **현대식당**
정식, 비빔밥, 국밥 5,000원
전화 054-749-8305

• **영양식당**
정식, 비빔밥, 국밥 5,000원
전화 054-773-3018

밀면

부산에서 생겨난 밀면이지만 경주에도 특유의 맛을 자랑하는 밀면집들이 있다. 여름철에 이름난 집에서 맛보고자 한다면 30~40분 정도는 기다릴 각오를 해야 한다.

• **밀면식당**
밀면 5,000원(일반), 5,500원(곱배기)
주소 경상북도 경주시 황오동 331 **전화** 054-749-8768

경주의 맛집들

• **교리김밥**
주소 경상북도 경주시 교동 69 **전화** 054-772-5130
• **감포일출복어**
주소 경상북도 경주시 서부동 61-2 **전화** 054-741-7255
• **부산찐빵**
주소 경상북도 경주시 황오동 12 **전화** 054-742-4206

곡 성 섬 진 강

기 차 마 을

곡 성
谷 城
Koksong

Healing point
기차를 매개로 과거와 현재를 잇는 여행 떠나기
☞ 증기기관차를 타며 일상의 호흡 한 박자 늦추기
☞ 레일바이크를 타며 몸과 마음 털어내기
☞ 옛 곡성역과 갤러리를 돌아보며 추억 되살리기

전라남도
곡 성 군

'과거가 될 현재'로 떠나는
기차 여행

기차를 타고 기차를 보러 간다. KTX를 타고 두세 시간 잡지책을 뒤적이다보면 어느덧 곡성역이다. 산책로를 따라 조금 걸어가면 또다시 곡성역, 폐역이 된 구곡성역에 도착한다. 여기서 섬진강 기차마을이 시작된다. 이곳은 모든 시설이 기차를 테마로 아기자기하게 꾸며져 있다. 또한 기차마을을 기점으로 폐선로를 따라 즐길거리가 많은데, 구곡성역에서 출발하는 증기기관차가 침곡역을 거쳐 가장역까지 운행하고, 침곡역과 가정역 구간에서는 레일바이크가 있다.

구곡성역에서 가장 먼저 눈에 들어오는 것은 나무로 된 하얀색 간판이다. 谷城(곡성)이라는 글자가 제법 진지하게 써 있다. 삐걱거리는 승강장의 나무 마루와 위풍당당하게 정차 중인 증기기관차. 옛날 역사의 지붕이 햇빛을 받아 진한 그림자를 만들고, 누렇게 색이 바랜 창틀 아래 90도로 반듯하게 각을 잡은 의자가 나란히 놓여 있다. 최신의 기차를 타고 온 지 몇 분 만에 과거의 역사에 도착한 것이다.

기차가 가진 상념의 힘은 무엇일까?
추억이라는 이름 속에 기차를 대입해본다.

기차는 참 아이러니하다.
정해진 선로를 달리는 단힌 공간인데,
막힘없는 자유를 떠오르게 한다.
비행기 다음으로 빨리 가는 교통수단인데
느린 과거를 떠오르게 한다.

참 모를 일이다.

왜 모든 과거라는 것들은 온기를 가지고 있는지...
언젠가 추억이 될 지금도 예열의 시간을 지나 소중한 보물이 될 것이다.

구 역사 옆에는 대합실 갤러리가 있어서 본격적으로 추억 되살리기를 자극한다. 곡성역의 옛 모습을 담은 사진과 촬영소품으로 사용된 옛 기차, 지금은 사라진 통일호가 폐선로 위에 그대로 서 있다. 이쯤 되면 그 옛날이 나의 것이 아닐지라도 추억 속에 있었던 것 같은 착각, 그 시대는 왠지 아름다웠을 것만 같은 기대와 함께 뭔지 모를 따스한 기운이 올라온다. 참 모를 일이다. 왜 모든 과거라는 것들은 온기를 가지고 있는지…. KTX가 실어온 스피드는 어느새 잊히고 느린 박자 속으로 한 발자국 더 들어간다.

이제 낭만을 타볼 차례다. 이곳 기차마을에서 출발하는 증기기관차에 올라선다. 이 기차에 타는 사람들은 목적지가 없는 사람들이다. 그저 기차를 타기 위해 온 사람들. 묵직하게 생긴 까만색 미카호는 하얀색 증기를 뿜으며 칙칙폭폭 소리를 낸다. 천장에는 옛날에 사용하던 회전식 선풍기와 새로이 마련된 천장 에어컨이 교대로 달려 있고, 서서 가는 손님들을 위해 손잡이도 나란히 나란히. 창문 밖으로는 섬진강 줄기를 따라 내가 흐른다. 처음에 기차를 타면 이색적인 경험에 사진 찍기 바쁘지만 시간이 조금 지나면 꾸벅꾸벅 조는 승객이 많다. 규칙적으로 흔들리는 기차에 앉아 생각 없이 창밖을 바라보니 몸과 마음이 스르르 풀리나 보다. 잠시 이색적인 경험을 즐기며, 한 30분 쉬는 시간이다.

이번에는 레일바이크를 타러 간다. 이곳에는 두 가지 레일바이크가 있다. 섬진강 레일바이크는 말 그대로 섬진강을 끼고 5.1킬로미터를 달린다. 강을 따라 펼쳐진 산머리 능선과 철 따라 피어나는 들꽃, 공기와 바이크가 힘을 합쳐 만들어내는 시원한 바람은 달려본 사람만이 느낄 수 있는 행복이다. 한편, 기차마을 레일바이크를 타면 구곡성역에서 출발하여 1004장미공원, 드림랜드, 동물농장 등 기차마을 공원 내 볼거리를 한 번에 휘~둘러볼 수 있다.

종류별로 기차를 타느라 멀미가 날 만도 하다. 이제 기차마을에서 가벼운 산책을 즐길 차례. 쇳덩어리 기차로 조금은 딱딱해졌을지 모를 마음을 동물농장, 천적곤충관, 드림랜드, 1004장미공원이 부드럽게 융화시켜준다. 꽃과 기차… 낭만적인 그림이다. 그런 면에서 음악에 맞춰 춤을 추는 분수나 곳곳에 기차모양을 한 벤치, 폐기차를 이용한 상점이나 식당도 여행자를 세심하게 배려한 듯하여 괜히 기분이 좋아진다.

그동안 반복되는 일상이 조금은 지루하지 않았나? 바쁘기만 한 일정에 쫓겨 메마른 시간을 보내진 않았나? 오래된 증기기관차로부터, 조금 느린 그 속도로부터 내 마음에 촉촉함을 선물한다. 그리고 추억이 현재와 연결되어 있음을 생각한다. 지금 떠나온 여행은 미래의 추억이 될 것이다. 그때 있을 첨단의 것들은 '과거가 될 현재'를 비웃을지 모르지만, '추억이 될 지금'은 미래의 언젠가를 더 풍요롭게 만들어줄 것이다. SJ

🌳 **곡성 섬진강 기차마을**
주소 전라남도 곡성군 오곡면 오지리 기차마을로 232-1
전화 061-363-9900 **홈페이지** www.gstrain.co.kr

비슷한. 그러나. 다른 여행지.

시대가 변해도 기차 여행에는 낭만이 있다. 주머니 가벼운 학생과 옛날을 추억하는 중년층 모두에게 나름의 이유로 사랑받는다. 짧게는 레일바이크부터 길게는 밤기차까지 경치와 운치를 즐기는 기차 여행 방법을 소개한다.

춘천 가는 itx

예전에는 연인과 함께 가는 완행열차가 유명했지만 지금은 청춘열차라 불리는 itx가 생겨 서울에서 춘천까지 1시간 거리가 되었다. itx는 2층 기차로 형태면에 있어서도 최첨단이다. 그러니 2층 객차가 제일 인기 있는 건 당연한 일. 예매가 필수다. 춘천 가는 기차, 소양강댐, 닭갈비는 한 세트나 다름없다.

코레일(승차권 예약) www.korail.com

강원도 정선레일바이크

레일바이크 하면 정선을 떠올릴 정도로 유명한 곳. 구절리역에서 아우라지역까지 7.2km는 완만한 내리막길로, 시속 15~20km까지 상쾌하게 달리기 좋다. 송천계곡을 따라 기암절벽과 농촌 풍경, 정선아리랑이 울려 퍼지는 터널, 옛날 간이역 장터 등 풍경이 다채롭고 아름답다.

정선레일바이크(기차펜션 예약) www.railbike.co.kr

정동진행 밤기차

겨울 하면 떠오르는 정동진행 기차다. 매년 1월 1일에는 정동진에서 해맞이축제가 열리기도 한다. 예약을 서둘러야 하는데, 청량리역 출발 11시 15분 열차가 가장 인기가 높다. 해돋이 이후에는 모래시계공원을 산책하거나 기차를 타고 승부역이나 영주역으로 연계 관광을 즐기러 가는 경우가 많다. 이런 이유로 코레일에서는 태백산눈꽃열차나 환상선눈꽃열차 등의 관광열차를 겨울철에 한시적으로 운행하고 있다.

코레일관광열차(기차 여행 예약) http://www.korail365.com

가정역에서 본 섬진강

곡성에서의 1박 2일

기차마을은 섬진강 108km을 따라 조성된 3개의 테마길 중 하나다. 1코스는 섬진강문학마을길, 2코스는 섬진강기찻길, 3코스는 섬진강꽃길로 길을 따라 볼거리와 즐길거리가 다양하다. 증기기관차의 종착역인 가정역 주변에는 곡성청소년야영장과 곡성섬진강천문대 등 학생과 여행자를 위한 체험시설이 갖추어져 있는데 이곳은 섬진강 레프팅의 시작점이기도 하다. 그래서 증기기관차를 타지 않고 자전거를 타거나 걷기 여행을 하며 명소를 둘러보는 여행자들도 심심치 않게 있다. 특히 청소년야영장에서 빌려주는 자전거를 타고 강변을 따라 달리는 코스가 인기가 높다. 이 구간에 심청이야기마을이 자리 잡고 있어 곡성이 기차뿐 아니라 심청이야기가 전해 내려오는 마을이란 것을 알 수 있다.

섬진강을 따라 1박 2일의 여행을 계획한다면 하루는 기차마을을 보고, 나머지 하루는 레프팅이나 자전거하이킹을 해보는 것도 좋겠다.

심청이야기마을

심청이야기를 테마로 펜션마을을 조성했는데 전통가옥의 외형에 실내는 현대식으로 꾸며, 편리하면서도 자연을 만끽할 수 있는 구조다. 18동의 독립된 펜션용 한옥과 함께 심청연수원도 운영하고 있어 세미나 또는 MT 장소로도 좋다.

주소 전라남도 곡성군 오곡면 송정리 274
전화 061-363-9910

레일펜션

새마을호 12량을 리모델링해 펜션으로 개량한 숙소로 총 23실을 운영 중이다. 객실에 섬진강 기차마을을 볼 수 있는 야외테라스가 있어 장미정원이 열리는 봄부터 가을까지 인기가 높다.

주소 전라남도 곡성군 오곡면 오지리 715-5 섬진강 기차마을 내
전화 010-2655-9126

참게 음식

섬진강 참게가 유명한 만큼 이를 활용한 음식점이 몇 군데 있다. 강가의 정취를 즐기며 전라도의 손맛을 느껴보는 것도 여행의 큰 즐거움이다.

• 별천지가든
참게장백반 13,000원, 참게탕 30,000~50,000원
주소 전라남도 곡성군 오곡면 압록리 393-2
전화 061-362-8746

돼지구이

육질이 좋기로 소문난 토종 흑돼지를 맛깔스런 양념에 재어 석쇠에 구워 먹는 별미를 이곳에서 맛볼 수 있다.

• 석곡 돼지한마리
목살석쇠구이 9,000원, 생삼겹 9,000원
주소 전라남도 곡성군 석곡면 석곡리 190
전화 061-362-3077

비우고 채우고 머물고 떠나는 제주 쉼표 여행

Healing Jeju'

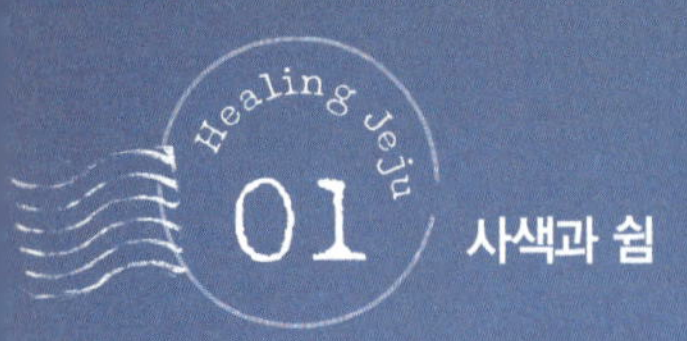

사색과 쉼

제주 에서
–
보다, 채우다, 생각하다

가끔은 어지러운 환경으로부터 스스로를 고립시키고 싶을 때가 있다.
이럴 땐 제주에서 쉬었다 가자.
깨끗한 공기와 물과 바람을 온몸에 공급하다보면
모험처럼 느껴졌던 고립은 어느새 즐거운 외로움이 된다.

제주의 물과 바람으로 피곤한 심신 치유하기
☞ 동북 해안도로의 아름다운 물빛 즐기기
☞ 섬에서 섬으로 우도 가기
☞ 화산송이 숲길 산책하기

또 다른 섬, 우도로 가다

섬에서 섬으로 가보자. 우도는 제주에 딸린 섬 중 가장 유명하고 인기 있는 섬이다. 우도 가는 배는 성산항에서 출발한다. 성산포종합여객터미널에 도착해 승선표를 사고 입도신고서를 작성하고 배를 기다린다. 성산항에서 우도까지는 15분. 갑판에 올라 멀어져가는 성산일출봉과 가까워지는 우도, 그리고 남해 바다의 청량감과 제주의 바닷바람을 만끽한다. 가슴이 뻥 뚫리는 느낌이다. 우도에 도착하면 돌아오는 배편을 확인한다. 우도에는 천진(우도)항과 하우목동항이 있는데 항구에 따라 배 시간이 다르다.

어느새 점심시간인가? 그렇다면 우도에서 맛봐야 할 것이 있다. 바로 땅콩국수다. 우도는 땅콩이 유명한데, 작고 동글동글한 모양이 앙증맞은데다 고소한 맛이 뛰어나고, 생산량이 한정되어 있어 귀하고 특별한 음식에 속한다. 맛을 상상할 수 있을까? 땅콩으로만 갈아 만든 국물에, 그것도 모자라 고명으로 땅콩가루를 아낌없이 뿌리고 시원하게 오이를 종종 썰어 올렸다. 진하고 고소할 뿐 아니라 콩의 비린 맛도 없다. 제주도, 그중에서도 우도에 건너와야 먹을 수 있는 별미다.

🐌 **우도 가는 법**

성산포종합여객터미널에서 선박 이용
편도 요금 성인 3,500원, 청소년 2,800원, 초등학생 1,000원
왕복 요금 성인 5,500원, 청소년 4,800원, 초등학생 1,700원
배 시간은 계절별로 조금씩 차이가 있으나 대체로 오전 7시 30분(5~8월만 오전 7시)에 시작해 한 시간 간격으로 운항하고, 마지막 배 시간이 월별로 차이가 있다. 날씨에 따라 운항여부가 결정되므로 반드시 미리 확인한다.
성산대합실 064-782-5671 **우도대합실** 064-783-0448

우도봉에서 마음 내려놓기

땅콩국수로 속을 채웠으니 이제 우도봉에 올라보자. 드넓은 언덕에 말 방목지를 시작으로 시원하게 펼쳐진 구릉은 오르기 쉬우면서도 높이 오른 듯 뿌듯하다. 숨을 고르며 우도봉 정상에 오르면 파란 하늘과 그보다 더 짙푸른 바다, 초록의 초원이 한눈에 들어온다. 이렇게 빠르고 쉽게 벅차오름의 감격을 느껴도 되나 싶다. 바다 건너로는 성산일출봉과 성산읍 주변이 파노라마로 펼쳐진다. 날씨가 좋은 날엔 제주도의 오름들도 볼 수 있다.

답답함을 내려놓는 시간이다. 언덕을 오를 때 차오른 숨은, 어쩌면 더 큰 숨을 토해내기에 좋으라는 이곳의 지정학적인 배려인지도 모르겠다. 큰 숨을 내뱉자. 이 순간을 위해 그곳으로부터 제주로, 그리고 우도로 온 것이 아닌가? 잠시 말을 멈추고 바다를 향해 떨어지는 빛을 바라보자. 한순간을 항해하는 빛줄기도 저렇게 찬란한데, 수십 년을 살아가야 할 우리 인생이 빛나지 말란 법이 어디 있나? 그저 마땅히 가져야 할 여유와 자기 확신을 돌려받는 시간이다.

바다를 건너 섬으로 소음을 떠나 고요함으로
일상을 떠나 나에게로 바람과 물과 나만 있는 곳.
여기서 잠시 쉼표를 찍자.

　　제주도

바다를 건너 섬으로 소음을 떠나 고요함으로
일상을 떠나 나에게로 바람과 물과 나만 있는 곳.
여기서 잠시 쉼표를 찍자.

제주도

하수고동해변과
제주 해안 드라이브

우도봉을 내려오면 물빛이 아름답기로 소문난 하수고동해변을 들러보자. 이곳에 세계 최대의 해녀상이 있는데, 마침내 여기에서 제주의 삼다(물, 바람, 여자)를 한꺼번에 만나게 된다.

해녀상은 1932년 해녀항쟁을 기념해 만들었다고 하는데, 이는 전국에 유래 없는 여성들의 항일운동이었다. 이렇게 사연을 알고 해녀상을 보면 미소 속에 품고 있는 제주 여성들의 강인함과 가족을 책임지는 고단한 삶, 그러나 희망을 잃지 않고 긍정적이고 열정적으로 삶을 살아가는 모습이 느껴진다. 제주의 해녀들만큼이나 능동적으로 삶을 산다면 일상에서 못할 것이 없을 것 같다.

우도 여행을 마치고 돌아오는 길은 제주 동북쪽으로 드라이브를 해보자. 이 해안가는 흔히 제주 하면 생각하는 검고 짙푸른 물색이 아니다. 모래는 하얗고 물색은 에메랄드 빛. 조용하고 아름다운 이 바다의 아이러니는 모래는 너무나 곱고 흰데, 바람이 거세다는 점이다. 다행히 평대리와 월정리 쪽에 바다를 향한 카페들이 몇 군데 있다. 바람을 피해 커피 한잔 어떨까?

화산송이 밟으며
비자림을 산책하다

마지막 날이다. 숲길 산책으로 여행을 정리하자. 비자림은 말 그대로 비자나무가 군집한 세계적인 규모의 숲이다. 8백 년이 넘은 새천년비자나무를 비롯한 비자나무 2,800여 그루와 희귀 난초식물, 자생식물들이 생기로운 조화를 이루고 있다. 숲길은 말 그대로 그 길을 걷는 맛이다. 발밑의 화산송이가 바슥바슥 하는 소리에 괜스레 몸에 좋은 일을 하고 있는 느낌이 든다. 새소리도 도시에서 듣던 쨱쨱 소리와는 달리 다채롭고 싱그럽다.

몇 시간 지나면 돌아가야 할 시간. 심장과 머리와 마음속에 석연치 않은 찌꺼기가 조금이라도 남아 있다면 이곳의 공기와 맞바꿔봄은 어떨까? 한 시간 이십 분가량 걸리는 조금 긴 코스와 사십 분짜리 두 가지 코스가 있으니 사정에 따라 택한다. 미리 겁을 먹고 짧은 코스를 돌고 나오면 아쉬운 마음이 들 수 있으니 시간 배분을 지혜롭게 하자. 비행기에 몸을 실으면 언제 다시 오게 될지 모를 일. 이렇게 고마운 공기는 또 만나기가 쉽지 않다. 두고두고 그리워 말고 지금을 만끽하자. SJ

비자림

주소 제주시 구좌읍 평대리 3164-1 **전화** 064-783-3857
관람시간 오전 9:00~오후 6:00
관람비용 성인 1,500원, 청소년 · 어린이 800원

제주의 먹을거리

여행에서 빼놓지 말아야 할 것이 그 지역의 음식 먹기다. 그런 면에서 제주는 끼니가 모자랄 정도로 먹을거리가 풍부하다. 보통 제주 하면 가장 먼저 회를 떠올리는데 사실 제주에는 이 외에도 독특한 먹을거리가 많이 있다. 대표적인 흑돼지도 그렇고, 각종 떡이며 빵이며 탕과 국… 제주에만 있는 음식을 이야기하자면 한도 끝도 없다.

국수, 빵, 떡

고기국수, 회국수, 땅콩국수

고기국수는 뽀얀 돼지뼈 국물에 돼지수육을 올린 모양이 흡사 일본의 돈고츠 라멘 같기도 하다. 뜨끈하고 든든한 한 그릇으로 제주 사람들뿐 아니라 여행자들에게도 인기가 높다. 회국수는 회무침과 면, 채소가 어우러진 비빔국수로 동복리 해녀촌에서 개발된 이후 점차 제주 전역으로 대중화되고 있다.

> **• 국수만찬**
> 진한 국물에 고기도 푸짐한 고기국수가 유명하고, 현지인들에게 더 인기 있는 곳.
> 제주시 연동 은남 3길 1 | 064-749-2396
> **• 우도봉 입구 편의점**
> 우동 땅콩국수를 처음 개발한 곳으로 간판은 '편의점'이지만 국수전문.
> 제주시 우도면 연평리 우도봉 입구 편의점(우도봉 입구 오른쪽 집)

보리빵, 오메기떡

통단팥을 사용해 진득거리지 않고 부드럽게 씹히는 맛이 좋다. 특히 오메기떡은 소로 들어가야 할 것 같은 팥이 떡을 감싸고 있는 모양이 특별하다. 한입 베어보면 속살에 해당하는 떡이 몰캉 씹히면서 차지게 쭉 늘어나는데, 먹는 맛도 맛이지만 속을 든든하게 채워준다. 여행자들의 선물로도 인기가 높다.

회

계절이나 조리법에 따라 다양한 회를 먹을 수 있다. 고등어회, 방어회, 한치회, 자리물회, 소라물회 등이 제주에서 유명하다. 즐기는 방식에 따라 바닷가에서 소박하지만 싱싱하게, 정식집에서 푸짐하게 한상, 전문집에서 한 가지 회만 독파, 길거리 횟집에서 친구들과 어울리기 등 선택할 만한 식당도 다양하다.

- **마라도횟집**
가을부터 선보이는 방어회가 특히 인기.
제주시 연동 262-10 | 064-746-2286
- **수성횟집**
비교적 늦게까지, 저렴한 가격으로 자유로운 분위기에서 회를 즐길 수 있다.
제주시 건입동 1319-81 | 064-702-0442

해물탕, 해물뚝배기, 해물짬뽕, 해물짜장

해물이 싱싱하니 당연히 해물 조리 음식도 풍성하고 맛이 좋다. 해물탕이나 해물뚝배기에는 그 귀하다는 전복이나 오분자기가 들어가 더욱 고급스럽고 풍미가 좋다. 해물짬뽕은 맵기로 소문난 제주 고추와 최고의 궁합을 이루어 유난히 얼큰하다. 해물짜장은 톳이 들어간 짜장면으로 마라도에서 유명해 그 작은 섬에 짜장면집만 일곱 집이 있다.

- **삼성혈해물탕**
키조개와 낙지, 전복 등 해물탕을 푸짐하게 먹을 수 있다.
제주시 연동 312-45 | 064-745-3000
- **원조마라도짜장면집**
톳을 넣어 제주식으로 해석한 짜장면과 짬뽕.
서귀포시 대정읍 가파리 709 | 064-792-8506

몸국

'몸'은 '모자반'을 뜻하는 제주 말이며 몸국이란 돼지뼈를 몇날 며칠 푹 고와 진한 국물을 내고 여기에 모자반을 넣고 양념한 국이다. 몸국은 결혼식 등 제주의 잔칫집에서 내는 국으로, 시원하게 몸을 풀어주는 영양식이다.

돼지고기

제주의 돼지고기는 근고기, 오겹살, 머리고기, 아강발, 돔베고기, 두루치기 등 부위와 조리법이 다양하다. 아강발은 어린돼지의 족발을 말한다. 돔베고기는 '돔베'가 '도마'라는 뜻으로 도마 위에 올라오는 삶은 고기를 말한다. 두루치기는 싱싱한 콩나물무침, 무생채 등과 함께 채소가 아삭할 정도로 볶아먹는 게 특징이다.

- **천짓골식당**
김이 모락모락 올라오는 돼지수육이 커다란 도마 위에 덩어리째 올라온다. 식탁 위에서 쓱쓱 썰어 바로 먹는 맛.
서귀포시 천지동 294-10 | 064-763-0399
- **돈사촌**
두께가 족히 3cm는 되어 보이는 두툼한 고기를 연탄불에 구워 먹는다.
제주시 삼도2동 835 | 064-722-9285
- **쉬는팡**
두루치기 전문점. 두루치기는 말할 것도 없고, 무심히 놓아주는 밑반찬까지도 손맛이 특별하다.
제주시 삼도2동 830-13 | 064-756-1470

- **양대곱**
조미료를 사용하지 않고 기본에 충실한 맛.
제주시 이도2동 1176-114 | 064-724-0792
- **우진해장국**
처음 먹는 사람도 반해버리는 고사리 해장국으로 유명한 곳.
제주시 삼도2동 831 | 064-757-3393
- **감초식당**
맙하 〈식객〉에 나와 유명해진 곳으로 순대와 머리고기 세트를 주로 먹는다.
제주시 이도1동 1289-5 | 064-753-7462

해장국, 순대, 고사리육개장

제주에는 유난히 해장국집이 많다. 주로 선지해장국을 즐기는데, '선지 뺀 선지해장국'도 주문할 수 있으니 제주에 왔다면 한번쯤 얼큰하고 구수한 해장국으로 여행의 피로를 달래보자. 순대는 선지와 함께 찹쌀과 양념 등 기본에 충실해 유명한데, 보통 머리고기와 함께 먹는다. 순대국도 제주의 별미다. 한편 고사리 육개장은 돼지뼈로 진하게 우려낸 국물에 삶은 고기와 제주에서 맛있기로 유명한 고사리를 가늘게 찢어낸 걸쭉한 한 그릇이다. 모양뿐 아니라 식감까지도 무엇이 고기고 무엇이 고사리인지 구별이 어렵다.

색다른 문화,
섬이 들려주는 이야기

제주는 삼다도다.
독특한 자연경관을 가지고 있다.
이것은 이 섬의 생활, 문화를 지배한다.
호기심 많은 여행자라면 제주만큼 재미있는 곳이 없을 것이다.

Healing point
제주의 역사와 문화, 사람을 만나는 참 여행하기
☞ 돌문화공원에서 제주의 문화 속으로
☞ 시장에서 제주의 생활 엿보기
☞ 게스트하우스 백배 즐기기

제주의 전설과 생활을 만나는 일정

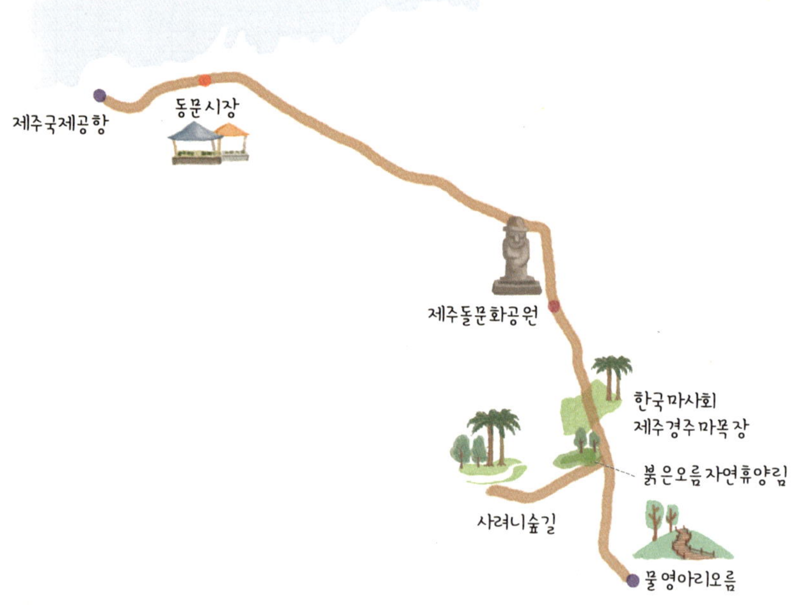

첫째 날(금) ☞ 제주 숙소에서 여행 적응하기
둘째 날(토) ☞ 돌문화공원과 오름 걷기
셋째 날(일) ☞ 동문시장에서 제주 사람 만나기
교통 렌터카 이용

제주 여행 체크인하기

2박 3일의 짧은 여행이라 조바심이 날 수 있다. 공항에서 숙소로 직행해 가방만 던져놓고 돌아다니는 건 양반. 아예 렌터카에 짐을 싣고 해안선 일주 후에야 지친 몸으로 숙소로 들어오는 경우가 다반사다. 그렇지만 제주의 숙소는 잠만 자는 곳이 아니다. 이곳에 여행의 재미가 있다. 공항에 내리면 일단 숙소로 가자. 호텔, 펜션, 게스트하우스 등 숙소마다 그들이 제공하는 여행 정보나 서비스가 있다. 인터넷으로 확인할 수 있는 공식적인 것도 있지만 스텝이 제공하는 정보가 알짜 정보다. 이런 날씨에 가볼 만한 곳이 있는지, 내 동선에 맛집이 있는지, 숙소에 특별한 이벤트가 있는지, 근처에 시장이나 가게가 있는지, 쇼핑할 만한 것은 무엇인지 . 체크인하면서 물어보는 짧은 정보로 여행의 반, 아니 아예 여행 일정 자체를 바꿔버리는 경우도 있다.

체크인 후 일정은 서두를 필요가 없다. 숙소 근처 명소나 볼거리를 가볍게 즐기고 체크인 때 얻은 고급 정보를 최대한 활용해본다. 인터넷에 올라온 유명한 곳도 좋지만 제주에 나만 아는 볼거리나 맛집이 생기는 것만으로도 제주와 한층 가까워짐을 느끼게 될 것이다. 그러니까 제주 여행의 체크인은 숙소 체크인으로 시작된다.

돌문화공원에서
제주의 전설을 만나다

    돌은 제주의 땅이자 환경이다. 환경은 이들의 생활방식이 되었고, 문화를 만들었다. 그러니 제주의 돌을 이해하는 것만으로도 제주를 아는 데 상당한 도움이 된다. 공부를 하고자 함은 아니다. 그렇지만 재미있다.

    제주의 전설은 설문대할망이 반은 먹고 들어간다. 돌문화공원 역시 설문대할망의 이야기로 시작한다. 설문대할망은 키가 커서 깊은 물만 만나면 자기 키보다 깊은 것이 있나 재 보았다고 한다. 어떻게? 몸소 물 안에 들어가 봄으로써. 그런데 한라산 물장오리에 들어갔다가 물이 깊어 나오지 못하고 죽었다고 한다. 공원에 들어서면 오른쪽에 있는 것이 바로 물장오리를 표현한 연못이다.

    이어서 만나게 되는 것이 전설의 통로다. 돌문화공원은 안개가 낄 때가 많은데, 장엄하게 사열한 '오백장군' 사이로 지날 때면 정말 전설로 빨려 들어가는 기분이 든다. 이 오백장군은 설문대할망의 자식들이다. 흉년이 들었던 해에 자식들을 위해 죽을 끓이던 할망이 발을 헛디뎌 죽 솥에 빠졌는데, 이를 모르고 오백 명의 자식들이 그 죽을 맛있게 먹어치웠다고 한다. 어머니의 죽음을 알게 된 할망의 자식들은 이를 애도하다 돌이 되었다는 전설. 이제 제주를 여행하다 잘생긴 돌을 만나면 설문대할망의 자식 중 하나겠거니… 생각하면 된다.

    잠시 곶자왈 숲길을 지나면 펼쳐지는 것이 하늘연못이다. 크고 둥근 수반에 물이 흐르고 위로 보이는 나무와 한라산이 평화롭다. 마치

커다란 수경 화분을 보는 것 같다. 살랑대는 바람 따라 잔잔하게 물결이 이는데, 단순하면서도 신비롭다. 자연스럽게 길을 따라 내려가면 비로소 제주 환경을 제대로 알 수 있는 박물관에 들어서게 된다. 전설의 공간에서 지식의 공간으로의 이동이다.

핵심은 화산이다. 제주가 어떻게 형성되었는지, 제주화산이 어떤 특징을 지니고 있는지, 남서쪽과 동북쪽의 지질이 어떻게 다른지, 오름은 무엇이고 동굴의 특징은 어떤지 상세히 설명되어 있다. 이어지는 돌 갤러리에서는 자연이 만든 작품인 화산암과 용암석을 볼 수 있다. 돌 자체의 아름다움도 볼 만하지만, 어떤 것들은 벽에 비추인 그림자가 기기묘묘하다. 이런 것들은 사람이 일부러 만들기도 어렵다. 화산 활동으로부터 자연의 거스를 수 없는 힘과 용암석으로부터 자연의 위대함이 느껴진다.

아직 끝이 아니다. 돌문화공원은 그리 만만하게 볼 곳이 아니다. 백만 평 부지를 확보하고 2020년까지 조성할 계획이라고 하니, 이미 2006년에 문을 열어 지금 보고 있는 것들은 완공될 모습에서 반도 안 되는 셈이다. 어쨌든 야외로 나와 돌

돌문화공원

주소 제주시 조천읍 남조로 2023(대중교통 이용 시 시외버스터미널에서 남조로 노선 이용)
전화 064-710-7731
홈페이지 www.jejustonepark.com
관람시간 오전 9시~ 오후 6시(입장은 오후 5시까지)
관람비용 어른 5,000원, 청소년 · 군인 3,500원, 만 12세 이하 무료

민속품을 보러 가보자. 이곳에서는 옛 제주의 생활상을 그대로 볼 수 있다. 민간 신앙과 동자석, 전통초가, 비석거리뿐 아니라 선사시대, 고려, 조선시대에 이르기까지의 돌 문화를 세세하게 들여다볼 수 있다.

역시 최고의 볼거리는 돌하르방이다. 제주의 돌을 대표하는 하르방이 왜 이제 나오나 싶을 정도다. 2기씩 한 쌍을 이루어 제주성문을 지키는 수호신 역할을 했다고 하는데, 현재는 47기가 남아 있다. 이곳에는 짝 잃은 돌하르방과 함께 48기의 재현 돌하르방이 늘어서 있다. 재미있는 것은 제주 내에서도 지역마다 형태나 모양이 다르고 표정도 각자 개성이 있다는 점이다. 겨울에는 눈 맞은 모습이, 늦은 오후엔 긴 그림자가, 가을에는 파란 하늘이 돌하르방의 멋진 배경이 되어준다.

물영아리오름이나
숲길 걷기

　제주에 왔다면 오름을 올라보자. 제주에 360개 오름이 있다는 재미없는 정보보다는 '제주 사람은 오름에서 태어나 오름으로 돌아간다.'는 말이 좀 더 오르기의 욕구를 자극하지 않는지? 우리가 잘 아는 성산일출봉도 오름이고, 수목원이나 숲길도 오름 하나쯤 끼고 있다. 오름 역시 화산 활동의 산물이고 이것이 마을의 경계가 되기도 하고, 목축지가 되기도 하고, 신화 창조와 항쟁의 거점이 되기도 했다.

　돌문화공원 근처에 물영아리오름이 있다. 최근 영화에 소개되면서 갑자기 대중에게 알려진 곳인데, 유명세가 아니더라도 가볼 만하다. 오름 입구의 삼나무 군락이 장관이고 정상에 오르면 습지가 있다. 덕분에 습지 동식물이 서식하고 있고 2007년에는 람사르조약 습지로 등록되었다. 나무데크 계단이라 오르기에 힘들지 않고, 중간에 쉬는 공간이 있다. 한라산이 부담이라면 이렇게 적당한 오름을 찾아보는 것도 좋다. 어차피 이 여행의 목적은 정복이 아니다.

　가까운 곳에 드라마 〈시크릿가든〉의 촬영지였던 사려니숲길도 있으니 찾아보자. 물영아리오름 멀지 않은 붉은오름 쪽에 입구가 있는데, 확실히 정문보다는 여유롭다. 오름보다는 넓고 편안한 길이라 콧노래가 절로 나온다. 나무 사이로 부는 바람과 이름 모를 들꽃을 즐기다 보면 어느새 숲속으로 꽤 깊이 들어와 있음을 알게 된다.

물영아리오름
주소 서귀포시 남원읍 수망리 산182-2

사려니숲길
주소 제주시 조천읍　전화 064-730-7272

동문시장이나
오일장에서 만나는 제주

제주에서 가장 큰 시장이 동문시장이다. 제주시 공항과 멀지 않아 여행을 마치기 전 둘러보기도 딱 좋다. 이미 외국인에게도 소문이 났는지 카메라를 들고 두리번거리는 파란 눈의 손님들을 심심치 않게 만날 수 있다.

시장의 볼거리는 단연 해산물이다. 근처에 숙소를 잡는다면 이곳에서 활어회를 손질해 가져가 먹는 것도 방법이다. 고등어, 방어, 옥돔 등 철마다 제주에서 나는 바닷고기와 모자반, 톳 등 해초도 이곳에서 상등품으로 살 수 있다. 자리젓이나 말린 생선도 어머니들이 쟁여놓고 싶어 하는 제주산 특산물이다. 가을부터 봄까지는 귤, 한라봉, 천혜향, 비가림 등 상큼한 과일들이 순서를 기다리고, 오메기떡이나 보리빵도 군것질로 좋다. 순대집이나 돼지 머리고기도 있다.

시장을 둘러보다가 맘에 드는 가게가 있다면 명함 한 장을 받아오자. 이곳에서는 웬만하면 포장 택배가 가능하다. 힘들게 지고 올 필요 없이 간편하게 부모님께 효도할 수 있고, 서울에서 제주가 생각날 때면 전화 한 통화로 그리움이 해결된다. SJ

제주의 지역별 오일장

제주시 민속오일장, 표선 오일장 2일, 7일
세화 오일장 5일, 10일
모슬포, 대정, 함덕, 성산 오일장 1일, 6일

중문 오일장 3일, 8일
서귀포 향토오일장, 한림, 고성 오일장 4일, 9일

제주에서 머물기

제주는 게스트하우스의 천국이다. 300여 개의 게스트하우스가 있다고 하는데 아직도 어딘가에서 오픈 소식이 들린다. 그러니 제주의 오름만큼 많은 게 게스트하우스다. 올레길 여행자가 늘어나면서 배낭여행자들의 숙소로 대표되는 게스트하우스가 생겨나기 시작했고, 점차 독특한 제주식 게스트하우스 문화를 만들어가고 있다.

오래 머물기

제주는 흡입력이 있는 곳이다. 2박 3일 주말 여행을 다녀와서는 얼마 안 있어 일주일 일정으로 다시 간다. 그러다 한 달쯤 지내면서 제주 일주를 하더니, 아예 살아보고 싶은 마음이 생긴다. 제주를 여행하다보면 이렇게 제주에 눌러앉은 사람을 심심치 않게 만날 수 있는데, 대부분 입도 전에 장기체류 기간을 거친다. 일종의 제주살이 연습인 셈이다.

제주에서 이삼 개월 정도 살아보는 방법을 두 가지만 소개한다.

우선 게스트하우스에서 일해보는 것이다. 게스트하우스에서 일하는 방식은 다시 두 가지가 있는데, 직원과 스텝이다. 직원은 말 그대로 해당 게스트하우스의 직원으로 일정 금액의 월급을 받고 출퇴근하며 일하는 것이다. 스텝은 별도의 월급이나 수당이 없다. 다만 게스트하우스에서 머물면서 정해진 시간만큼 일하고 나머지 시간은 다른 여행자들과 똑같이 제주를 즐긴다. 쉽게 말해 게스트하우스에서 '무전취식'하며 일을 돕는 것이다. 주로 단기 계약이 이루어지며 제주를 여행하다 장기체류를 택한 취업준비생이나 학생들이 많다.

두 빈째는 제주에서 '월방'이라고 하는 셋방을 구하는 것이다. 제주는 원칙적으로 월세와 전세가 없다. 월세는 없지만 '년세'라 하여 일 년 치 세를 한꺼번에 내는 임대방식은 있다. '월방'은 여행이나 요양 등의 이유로 장기체류를 원하는 외부인이 많아지면서 생긴 새로운 개념으로, 보증금 없이 월세를 받고 방을 빌려주는 것이다. 보통 원룸이고, 기본적인 가전제품이 구비되어 있어 옷과 살림살이를 가지고 들어가 자취방처럼 생활하면 된다.

게스트하우스

게스트하우스 하면 도미토리가 연상된다. 주머니 가벼운 배낭여행자들이 하룻밤 해결할 요량으로 들어오는 곳, 공동 샤워실과 화장실, 저렴한 가격과 모든 것이 셀프서비스, 가끔 여행의 고수를 만날 수 있는 곳 정도가 해외 게스트하우스에서 기대하는 것들이다. 아침식사의 경우 BnB(Bed & Breakfast)는 필수지만 게스트하우스는 '주면 고맙고'이며, 물이나 차 또한 필수제공 요소가 아니다.

그렇지만 제주도의 게스트하우스는 다르다. 도미토리는 물론 화장실 딸린 2인실이나 싱글룸도 있고, 대부분 아침식사를 제공하며 독특한 서비스와 문화 이벤트로 게스트를 불러들인다. 집에 따라 다르지만 가격 대비 아침밥도 기대 이상이고, 침구도 깔끔하다. 혼자 여행하는 여성들을 위해 코스를 만들어 함께 다니기도 하고, 저렴한 비용으로 바비큐 파티를 하거나 음료를 제공하거나 콘서트를 열기도 한다.

무엇보다 게스트하우스의 장점은 나홀로 여행에 용기를 준다는 점이다. 밤 문화가 없는 제주인 만큼 저녁때면 대부분의 여행자들이 숙소로 돌아오는데, 이때부터 커뮤니티룸에서 여행자들 간의 활발한 친교가 이루어진다. 여행지에 대한 정보를 나누다보면 쭈뼛거리던 나홀로족도 어느새 여행에 즐겁게 적응하게 된다. 하룻밤 새 돈독해진 우정은 다음 여행의 친구를 만들어주기도 하고, 여자 혼자라 무서웠던 올레길도 서로를 의지해 도전할 수 있게 된다.

게스트하우스의 숫자만큼 경쟁이 심한 것도 사실이다. 그렇다보니 각기 개성을 살리느라 애를 쓴다. 운영자들도 전직 기자, PD, 만화가, 뮤지션 등 다양하기도 하다. 그들의 과거가 숙박업의 전문성과 무슨 관계인지 모르겠지만…. 어쨌든 이야기도 많고, 결과적으로는 게스트들이 혜택을 누린다.

그렇지만 부작용도 만만치 않다. SNS에 게스트가 조금만 서운한 이야기를 하면 예약률이 떨어지고 악플이 줄줄 달린다. 사정이 이러하니 어쩌다 게스트가 비상식적인 매너를 보여도 벙어리 냉가슴이다. 게스트 중에는 펜션에 가야 할 손님이 있고, 호텔에 가야 할 손님도 있다. 하루 2만 원 내외의 숙박비로 호텔급 서비스를 바라는 몰염치, 세네 명이 몰려와 밤새 숙소에서 떠들며 게스트하우스와 펜션을 구별하지 못하는 몰상식, 무료로 제공되는 아침 빵을 슬그머니 싸가는 궁상은 여행보다는 에티켓부터 배우는 게 먼저다.

문화는 종합적인 것이다. 전설과 환경이 지금의 제주 문화를 만들었듯이, 게스트하우스 문화가 제주 여행의 독특한 방식이 되었다. 2박 3일의 제주 여행은 자신의 또 다른 여정, 그리고 다른 이들의 제주 여행에 동기가 될 것이다. 그러니 우리 모두는 제주 여행 문화를 만들어가는 사람이다.

게스트하우스 레인보우

깔끔한 침구, 각 방 도어락, 구석구석 아기자기한 인테리어, 생각지 못했던 서비스 등으로 여성 게스트에게 인기가 높다. 수시로 제주의 좋은 여행지를 발굴해 소개하는 열정의 주인장 역시 서울 출신으로, 제주가 좋아 입도한 케이스다. 영어와 일어 의사소통도 원활해 내국인과 외국인 비율이 반반 정도. 매일 저녁 커뮤니티 공간에서 여행자들의 즐거운 만남이 이루어지고 있다.

주소 제주시 광양1길 6
전화 070-7635-0075
홈페이지 www.rainbowjeju.com

그린데이 게스트하우스

네팔 가이드 출신의 여행전문가가 운영한다. 규모는 크지 않지만 친밀한 분위기가 좋아 단골손님이 많다. 주인장의 영어 실력이 좋아 영어권 손님들과도 농담과 웃음이 끊이지 않는 즐거운 게스트하우스다.

주소 제주시 삼도2동 251-9
전화 070-7840-2533
홈페이지 http://blog.naver.com/cooper82

게스트하우스 옐로우

올레 18코스 시작점과 동문시장, 칠성로 근처에 있고, 흑돼지거리와 탑동해변이 가까워 시원한 저녁 산책도 그만이다. 숙박비는 저렴하지만 아침식사 등 기본적인 서비스가 제대로 나오고 함께 걷기나 밤낚시 등 계절마다 이벤트가 다양하다.

주소 제주시 일도1동 1477-2
전화 070-7648-0907
홈페이지 www.ygjeju.com

백패커스홈

호텔이 밀집되어 있는 서귀포에서 찾아보기 힘든 괜찮은 게스트하우스다. 원목 침대와 집기가 쾌적하고, 레스토랑에서는 아침마다 과일과 토스트가 제공된다. 중문 이중섭거리와 천지연폭포가 가깝고 근처에 맛집으로 소문난 식당들도 많이 있다.

주소 서귀포시 서귀동 315-2
전화 064-763-4000
홈페이지 http://blog.naver.com/bpks_jeju.do

Healing Jeju 03 예술과 문화

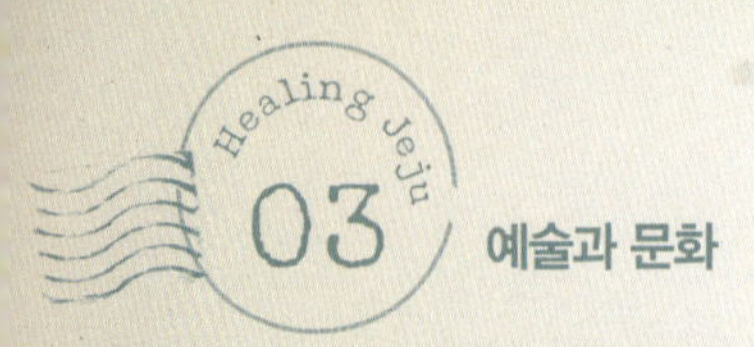

아름답지 않으면 – 제주가 아니다

제주는 중독성이 있다.
스쳤던 모든 것들로부터 다시 부름을 받는 곳이다.
그 싫지 않은 흡입력에 몸을 맡긴다.

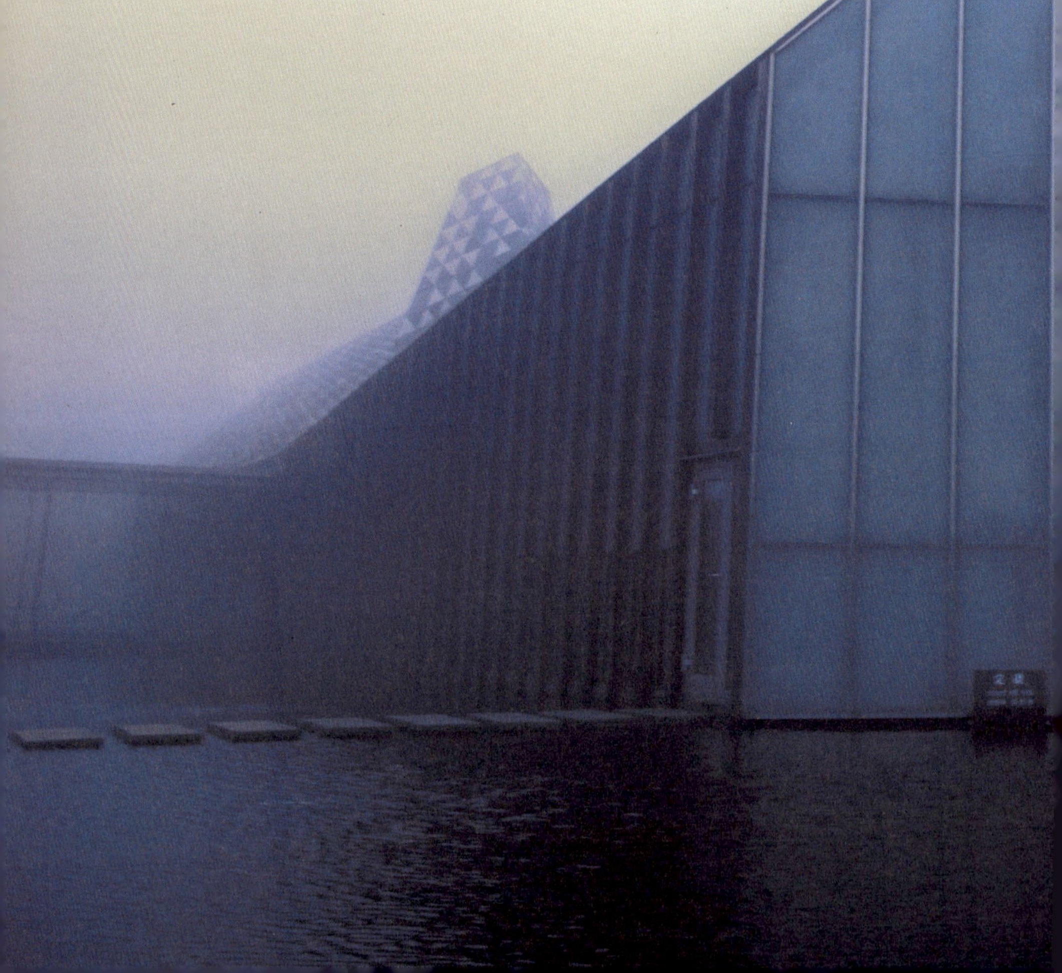

제주가 주는 감성과 아름다움에 빠져보기

Healing point
제주가 주는 감성과 아름다움에 빠져보기
☞ 여유로운 풍경 속에 머물기
☞ 김영갑갤러리와 이중섭거리에서 교감하기
☞ 방주교회와 올리브카페의 건축미 즐기기

예술과 문화를 즐기는 일정

첫째 날(금) ☞ 여유로운 풍경 속에 머물기
둘째 날(토) ☞ 김영갑갤러리, 이중섭거리 가기
셋째 날(일) ☞ 방주교회와 올리브카페 즐기기
교통 렌터카 이용

풍경화의 주인공이 된다

이번 제주 여행의 주제는 느낌 있는 휴식이다. 이왕 이렇게 정했으니 숙소도 그림 같은 곳에 잡아보자. 숙소 자체가 여행지이고 명승지인 곳, 굳이 다른 곳으로 가지 않아도 머무는 것 자체가 여행이 되는 곳. 제주에서라면 가능하다.

섭지코지 바닷가에서 성산일출봉과 바람 부는 언덕의 정취를 만끽하거나, 바닷가 호텔에서 고즈넉한 망망대해의 수평선을 하염없이 바라보는 것도 좋다. 첫날은 환경이 좋은 리조트에 짐을 풀고 근처를 배회하자. 그것으로 충분하다.

풍광이 좋은 리조트 세 군데만 소개한다.

* 해비치호텔&리조트

표선해수욕장은 서귀포나 제주 바다와는 또 다른 정취가 있다. 깔끔하고 고요한 해안선이 차분한 숙녀처럼 평화로운데, 바람 부는 날 객실에서 보는 바다는 박력 넘치는 상남자다. 깔끔하고 세련되게 꾸며진 객실과 아이비가 늘어진 내추럴한 복도가 인상적인 곳이다.
서귀포시 표선면 표선리 40-69 | 064-780-8000 | www.haevichi.com

* 휘닉스아일랜드

섭지코지는 두말 필요 없는 명소나. 넓고 시원한 산책로를 걷다보면 해안절벽을 만나는데 바닷가에 우뚝 선 선돌이 한 폭의 그림이다. 아침에는 성산일출봉으로 떠오르는 해를 볼 수 있고, 올인하우스와 하얀 등대가 낭만적 감성을 끌어올리는 곳이다.
서귀포시 성산읍 고성리 127-2 | 064-731-7000 | www.phoenixisland.co.kr

* 씨에스호텔리조트

몇 년 전 드라마 〈시크릿가든〉이 대히트를 기록하며 떠오른 명소다. 올레길 군데군데 제주 전통 가옥이 놓여 있는데, 이곳이 모두 객실이다. 리조트 안에서 하루 종일 있어도 지루하지 않을 만큼 구석구석 예쁘다. 해질녘 고즈넉한 분위기와 환상적인 석양은 놓치지 말 것.
서귀포시 중문동 2563-1 | 064-735-3000 | www.seaes.co.kr

제주앓이의 전설이 된 그를 만난다,
김영갑갤러리

사진은 처절한 아름다움을 말하고 있다. 파노라마 사진이 이렇게 단순하고 명확할 수 있을까? 그 사진들은 단 하나, 제주만을 이야기하고 있다.

일찌감치 제주가 좋아 제주에 빠져든 사람, 마지막까지 제주와 함께하다 제주 하늘로 돌아간 사람…. 제주앓이의 전설이 된, 그가 바로 김영갑이다. 1982년에 이 섬에 와서 그 매력에 빠져 살다가, 2005년 루게릭병으로 소천하기까지 열정으로 제주를 사랑했다. 절벽에 몸을 매달아 사진을 찍기도 하고, 최고의 찰나를 담기 위해 같은 장소를 수십 번 수백 번씩 찾아가 지루한 기다림을 마다하지 않았다.

폐교를 개조해 꾸민 김영갑갤러리는 그의 작품과 인터뷰 자료가 요란하지 않게 전시되어 있다. 실내에 들어서면 바로 왼쪽이 생전에 그가 쓰던 작업실이다. 창문 너머로 보이는 카메라, 작업대, 책장의 모습을 보자니 사진가는 잠시 출타 중인 듯, 조금만 기다리면 방주인이 돌아와 책상에서 필름 고르는 모습을 볼 수 있을 것만 같다. 책장 가득 역사, 종교, 문화, 사진 등 그가 읽었던 책들…. 갑자기 눈을 아련하게 하는 것은 〈사람을 살리는 생채식〉. 어쩌면 병을 앓기 전부터 가지고 있었던 책일지도, 우연히 생긴 것일지도 모르지만, '살고 싶었겠구나….' 하는 생각이 드는 건 어쩔 수 없다.

그에게 산다는 것은 어떤 의미였을까? 그에게 삶은, 사랑하는 대상을 조금 더 보고 느끼고 담는 시간이었을 것이다. 그는 목숨이 다하는 순간까지 그렇게 제주를 사랑했다. 열정은 인내를, 인내는 희생을, 희생은 삶을 그 대가로 가져갔다.

늦은 오후. 노란 빛을 띠는 햇살이 이곳에 드리우면 그리움의 농도는 한층 더 짙어진다. 어쩌면 제주가 좋아 여행의 시간을 늘리고, 아예 눌러앉아 살고 있는 사람들은 모두 김영갑 작가의 후예들일지도 모르겠다. 제주에 올 때마다 이곳을 찾다보니 수십 번 오게 되었다는 누군가의 말을 인용하지 않더라도, 한 번의 스침만으로도 여운이 깊고 오래가는 곳이다.

김영갑갤러리

주소 서귀포시 성산읍 삼달로 137
전화 064-784-9907
홈페이지 www.dumoak.co.kr
관람시간 입장은 관람시간 마감 30분 전까지
3~6월, 9~10월 : 오전 9시 30분~오후 6시
7~8월 : 오전 9시 30분~오후 7시
9~2월 : 오전 9시 30분~오후 5시
관람비용 어른 3,000원, 청소년 2,000원, 어린이 1,000원

제주를 환상이라 여긴 이중섭
제주에 와서 제주로 돌아간 김영갑
그들은 제주앓이의 전설이 되었다.
그들과 함께 아련하고 행복하고 따사로운
제주를 호흡한다.

제주도

이중섭 생가와 거리에서
제주에 중독되다

　이중섭의 제주는 행복이다. 40세의 짧은 생애 동안 가장 행복했던 시기가 제주에 와 있던 일 년, 좁은 단칸방에서 일본인 아내와 두 아들이 근근이 연명하던 피난 시절. 그는 가난했지만 가족과 함께 행복했다. 이중섭은 1951년 1월부터 12월까지 서귀포에서 가족과 함께 살았고, 1952년 전쟁의 궁핍함을 이기지 못한 아내는 두 아들과 함께 일본으로 갔다. 이후 도쿄에서 단 오 일간의 해후가 끝이었다고 하니 그에게 있어 제주는 다른 곳과 바꿀 수 없는 아련한 환상으로 남았을 것이다. '서귀포의 환상', '섶섬이 보이는 풍경' 등이 바로 제주의 시간을 담은 작품이다.

　짧지만 강력한 환상 같은 것. 이런 체험은 이중섭에게만 해당되는 것이 아니다. 많은 여행자들이 잠시 머물 목적으로 제주를 방문하고는 그 기억을 잊지 못해 다시 찾아온다. 이것은 단순히 산과 바다와 하늘 정도로는 설명이 부족하다. 그들에게 제주는 그저 '좋음'으로 나가온다. 그런 점에 있어 이중섭과 제주 중독자는 공감대가 깊다.

🐌 이중섭미술관

주소 서귀포시 서귀동 532-1
전화 064-733-3555
홈페이지 http://jslee.seogwipo.go.kr
관람시간 입장은 관람시간 마감 30분 전까지

10~6월 : 오전 9시~오후 6시
7~9월 : 오전 9시~오후 8시
관람비용 어른 1,000원, 청소년 500원, 어린이 300원

이중섭거리는 남쪽을 향해 있다. 언제나 따스한 햇살이 비치는 길거리에 공방, 카페, 식당 등이 이중섭의 작품과 함께 줄을 서 있다. 지금은 문을 닫은 오래된 극장 입구가 예전 모습 그대로 '상영중' 포스터와 함께 있는가 하면, 좁은 골목 입구의 '여관' 표시, 낙서처럼 써놓은 '찻집' 표시…. 굳이 이중섭의 사인을 똑같이 달아놓지 않았어도 이곳의 느낌은 남다른 따스함이었을 것이다. 그러니 이곳에서는 힘을 빼고 거리를 슬렁슬렁 걸어보자. 예쁜 카페에 들어가 여행의 한가로움을 즐기거나 '김영갑갤러리'와 '이중섭 미술관'의 감흥을 잠시 정리하는 것도 좋다. 이중섭거리를 시작으로 이름 모를 골목길에서 길을 잃어보는 것도 좋다. 나지막한 담장을 가진 언덕 위의 골목들은 소박하고 평화롭다. 제주에 바람이 많지만 이곳의 바람만큼은 따스한 부드러움으로 기억되는 곳. 서귀포 골목의 매력은 이런 것이다.

오르막 끝에는 '서귀포매일올레시장'이 있고, 내리막 끝에서 오른쪽으로 가면 천지연폭포가, 왼쪽으로 가면 정방폭포가 있다. 가까운 곳에 시원한 폭포가 있고, 저녁에도 산책하기 좋고, 서귀포 맛집으로 소문난 곳들이 몰려 있어, '뭘 좀 아는' 여행자들이 서귀포에 머물 때는 이곳에 숙소를 정하는 경우가 많다. 중문관광단지가 신혼부부와 가족 단위 여행자들의 쾌적한 쉼터라면 이곳은 실속과 액티비티가 있는 곳이다.

감성을 깨우는 곳,
방주교회와 올리브카페

건축 작품이 교회가 된 곳, 방주교회다. 여행지에 가면 어디나 사찰은 많지만 교회가 명소인 경우는 드물다. 하긴 우리나라에 들어온 역사로 보자면 비교 자체가 말이 안 된다. 기독교인이 여행으로 사찰에 가듯 불자가 교회를 구경하러 가는 것이 부끄러울 게 없다. 마침 일요일이니 한번 가보자.

방주교회는 산 위에 있는 한 척의 배다. 성서에 나오는 '노아의 방주'를 연상하여, 얕은 물을 만들고 그 가운데 교회 건물을 세웠다. 2009년 3월 16일 창립예배를 한 이타미준의 작품이다. 산속 배라… 하긴 노아의 방주가 결국 산에서 멈추게 되니 이야기가 딱 맞아떨어진다. 얕은 수조는 물빛을 반사하고, 그 가운데 있는 방주는 그 물빛을 받아 위풍당당함이 느껴진다. 그러다 바람이 일어 물결이 생기면 유연한 리듬감을 가지고 마치 바다를 항해하는 듯이 보인다. 지붕은 햇빛에 따라 색깔이 다채롭게 변한다. 내부에 들어서면 천장에 뚫린 창으로 빛이 들어와 예배당 안에 온화한 기운을 뿌린다. 안에서도 물과 자연을 볼 수 있고, 밤이 되어 예배당에 불을 밝히면 그 아름다움은 환상으로 변한다.

빛, 물, 바람… 제주가 가진 가장 좋은 것들을 절묘하게 건축에 끌어들인 아름다운 작품이다. 아니나 다를까, 2010년에 제33회 한국건축가협회 대상을 수상하며 유명세를 타기 시작했다. 이곳에서는 150여 명이 예배할 수 있어, 일요일이면 여행 중인 신자들이 많이 찾아온다.

　신자가 아니라면 올리브카페에 들러보자. 고급스럽고 아름다운 로스터리 카페다. 이타미준의 미완성 작품으로 그 후손이 건물을 완성했다고 하는데, 방주교회와 썩 잘 어울린다. 이곳에서 놀라운 점은 오래된 그라인더와 커피 기구들이다. 당초 박물관을 세울 목적으로 커피 용품을 수집을 해오던 독지가가 이 카페에 기증하였다고 하는데, 커피를 주제로 한 진귀한 물건들이 한가득이다. 물론 별도의 입장료는 받지 않는다. 키를 넘는 엄청난 크기의 그라인더, 벽에 달아놓고 쓰던 세라믹 그라인더, 100년 전 커피마니아를 위한 여행용 커피기구까지 카페 구석구석을 둘러보다보면 커피 식는 줄 모른다. 보통 커피를 맛과 향으로 마신다고 하는데, 여기에 보는 즐거움과 오리지널 감성까지 더했으니 그 맛이 유난한 것은 당연한 결과일지도 모르겠다. 요즘 커피 마니아들은 '카페투어' 차 제주에 온다고 한다. 그런 이유라면 꼭 한 번 와볼 만한 곳이다. SJ

<table>
<tr><td>

🐌 방주교회

주소 서귀포시 안덕면 상천리 427
전화 064-794-0611
홈페이지 www.bangjuchurch.org
관람시간 오전 10시~오후 4시(예배시간 제외, 월요일 휴무)
예배시간 일요일 오전 9시 30분, 오전 11시

</td><td>

🐌 올리브카페

주소 서귀포시 안덕면 상천리 423-1
전화 064-792-1988
오픈시간 오전 9시~오후 8시, 주말 오전 9시~오후 7시
커피 4,000~6,500원. 주스와 차 5,000~7,000원, 조각케이크 6,000원

</td></tr>
</table>

카페 브레이크 타임

제주는 카페의 천국이다. 분위기 좋은 카페를 찾아 카페투어를 오는 여행자도 늘고 있고, 이름난 숙소와 함께 주변 카페가 유명세를 타는 경우도 많다. 청정지역 맑은 공기와 함께 마시는 커피는 평생 잊지 못할 한 모금이 될 수도 있겠다. 각자 개성이 뚜렷한 카페에서 제주의 추억 하나를 더 해보는 것은 어떨까?

* 아일랜드조르바

제주 바닷가 카페의 원조 격이다. 처음 월정리에서 시작했으나 지금은 조금 더 한가하고 고즈넉한 평대리 바닷가로 자리를 옮겼다. 조그만 제주 돌집에서 처음 보는 여행자와 나란히 앉아도 어색하지 않은 곳. 아일랜드조르바는 사람 사이의 관계를 자연스럽게 만들어주는 오묘한 매력을 지닌 곳이다.

제주시 구좌읍 평대리 1958-7 | 070-8831-2595

* 쇼코아르

정통 핫초코를 맛볼 수 있는 초콜릿 전문카페다. 핫초코의 농도와 맛도 원하는 대로 선택할 수 있고, 초콜릿 커피도 맛볼 수 있다. 초콜릿 케이크와 쿠키 종류도 다양하고, 우도 땅콩초콜릿 등 제주 특산물을 이용한 초콜릿도 구입할 수 있다.

제주시 이도2동 1176-76 | 064-756-2253

* 커피쟁이

제주시청 앞에 위치해 있어 언제나 사람들이 북적인다. 텀블러를 가져가면 커피 값을 할인해주거나 공정무역 초콜릿을 판매하는 등 생활밀착형 서비스로 지역 사람들과 제주로 취업 온 외국인들의 사랑을 받고 있다.

제주시 이도2동 1772-3 | 064-900-6700

* 스페이스말리

낮에는 커피, 저녁에는 좋은 음악을 틀어주는 바(Bar)다. 벽면에 가득한 수천 장의 LP와 CD, 100년 된 축음기, 커다란 밥 말리의 그림만 봐도 이곳의 포스를 느낄 수 있다. 원하는 음악을 메모지에 적어 신청해 들으면 옛 추억이 새록새록 떠오를 것이다.

제주시 칠성로길 칠성통 34 2층 | 070-7743-3849

* 갤러리&카페테라

도예가 어머니와 바리스타 아들의 조합. 바로 갤러리 카페테라다. 아름다운 정원이 있는
그림 같은 집으로 들어가면 한편에는 멋진 도예작품이, 한쪽 벽면은 운치 있는 벽난로가
있다. 여기에 주인장이 정성으로 드립해주는 커피 한 잔이라면 힐링이 따로 필요 없다.

제주시 애월읍 유수암리 1077-4 | 064-799-3377

* 놀맨닷컴

애월 바닷가에 포장마차처럼 자리 잡은 카페다. 격식 없이 자유로운 분위기에서 내려주
는 한 잔의 커피는 바다의 청량함이 들어 있다. 문어라면으로는 간단한 요기를, 맥주로는
가벼운 분위기를 손쉽게 얻을 수 있는 곳. 이곳은 프리스타일이다.

제주시 애월읍 애월리 2530 | 010-5145-0331

* 메이비

이중섭거리에서 일찌감치 유명세를 탄 예쁜 카페. 테이블마다 놓인 꽃 한 송이엔 이유가
있으니 꽃집과 함께하는 카페이기 때문이다. 아기자기한 주인장의 컬렉션을 보는 재미도
있고, 바깥 테이블에 앉아 지나는 사람들을 구경하는 것도 여행의 맛이다.

서귀포시 서귀동 416-2 | 070-4143-0639

* 자박

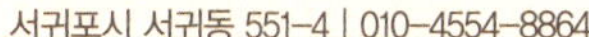

군더더기 없이 세련된 카페로, 캡슐커피와 실용적인 가격이 매력이다. 디자이너 주인장이
고안한 트레킹용 손수건이나 머그컵, 사진세트 등도 구입할 수 있고, 간단한 안주거리와
함께 맥주 한잔하며 하루의 피로를 날려버리기에 딱 좋은 곳이다.

서귀포시 서귀동 551-4 | 010-4554-8864

* 트멍에

제주 여행지에서 만나기 힘든 전통찻집이다. 벽에 낙서처럼 써놓은 '찻집'이라는 이정표
를 보고 골목을 따라 들어가면 만날 수 있는 곳. 몇 시간씩 정성으로 끓이고 우려낸 대추
차나 생강차, 대나무잎차 등으로 내 몸에 한번쯤 좋은 일을 하자.

서귀포시 이중섭로 26 | 064-767-7676

* 오즈비

서귀포에서 커피가 맛있는 곳이다. 카페에 들어서면 쌓여 있는 생두와 로스팅 스케줄을
적어놓은 캘린더가 이곳 커피 맛의 진정성을 느끼게 한다. 서귀포 시외버스터미널 옆에
있으니 지나는 길에 커피가 생각난다면 꼭 한 잔 골라서 맛보시길.

서귀포시 법환동 843 터미널상가 102호 | 064-738-8640

수도권 인근
베스트 쉼표 여행지 12

1 영종도 용유 선녀바위해변
2 김포 덕포진과 대명포구
3 강화 고려궁지
4 고양 일산 호수공원
5 남양주 양수리 수종사
6 광주 분원리 – 양평 운심리 드라이브
7 홍천 수타사계곡
8 광주 남한산성
9 여주 영릉
10 수원 화성
11 안성 팜랜드
12 아산 외암리민속마을

영종도 용유 선녀바위해변

국제공항이 들어서며 영종도와 용유도 사이가 메워져 용유도까지 가기가 편해졌다. 영종대교가 들어선 이후 십 년 동안 용유도 을왕리해변은 꽤 알려져 횟집과 숙소도 늘었다. 하지만 그 옆 용유도 선녀바위해변은 상대적으로 아직은 한산하다. 해변 바로 뒤 주차장도 무료이고 식당도 마을에서 운영하는 집 외에 두세 집 정도다. 작은 해변에 커다란 돌기둥 같은 선녀바위가 바다를 보고 서 있다. 모래해변과 갯바위해변으로 나뉘는 해변은 아담하여 가족이 놀기에 딱 알맞다. 선녀바위는 사진작가들 사이에 꽤 알려진 낙조 촬영포인트다. 가을철 맑은 날 찾으면 그야말로 불타는 낙조를 만날 수 있다.

가기 좋을 때 가을 오후 해 질 녘
인천광역시 중구 을왕동 | 032-746-6879(선녀바위횟집)

김포 덕포진과 대명포구

덕포진은 한강으로 들어오는 강화해협 길목으로 병인양요와 신미양요 때 제국주의 함대와 싸웠던 곳이다. 그때 포진지가 아직 남아 있다. 지금은 고른 잔디 언덕과 울창한 숲, 바다가 어우러져 경치가 뛰어나다. 격전을 벌였던 군영이 이토록 평화롭다는 사실에 새삼 놀랄 것이다. 해 질 무렵이면 자동차로 5분 거리에 있는 대명포구로 가자. 강화도 너머 지는 해와 포구의 어선, 초지대교가 어우러지는 일몰에 마음이 찬란해질 것이다. 어시장이 있으니 회에다 소주도 한 잔!

가기 좋을 때 가을 맑은 날 꽃게와 새우철
경기도 김포시 대곶면 신안리 산105
031-980-2965

강화 고려궁지

강화를 가도 바닷가와 섬, 마니산으로 다니지 강화읍에서 뭘 할 생각은 하지 않는다. 강화읍 뒷산 아래 고려궁지가 있다. 몽고군을 피해 강화로 온 고려왕조가 약 40년간 머물렀던 궁궐이 있던 터다. 이외에도 마니산이나 전등사가 있는 삼랑성 등지에 궁을 세웠는데 다 없어지고 터만 남아 있다. 고려궁지 근처에 조선 철종이 보위에 오르기 전 어린 시절을 보냈던 집 용흥궁과 성공회 강화성당 등 같이 둘러볼 곳이 있다. 강화읍 풍물시장에서 강화 사람들의 인심을 엿보고 고려의 흔적, 조선 말기 격동의 역사를 둘러보면 하루가 금방 간다.

가기 좋을 때 봄·가을 끝자락 2일 9일인 맑은 날. 그때 오일장이 열린다.
인천광역시 강화군 강화읍 관청리 163
032-930-7078

고양 일산 호수공원

가까이 있어 모르는 보석 같은 곳 중 하나다. 일산 호수공원에 가면 어딘가 모르게 낯익은 풍경들을 자주 만난다. 숱한 드라마들이 시간에 쫓기면 이곳에 와서 모자라는 장면들을 촬영하기 때문이다. 호수공원은 굉장히 넓다. 호수 둘레를 다 돌려면 바삐 걸어도 한 시간 반 남짓 걸린다. 다 둘러보고 싶으면 자전거를 빌려 타고 일주하도록 하자. 휴식을 위해 찾는다면 호수 북쪽 지역을 추천한다. 물이 얕아 습지 형태의 공원으로 꾸미고 여러 갈래로 산책로를 냈다. 한국의 정원 등 테마 정원이나 대나무길 등 세심하게 꾸민 흔적이 역력하다. 옆으로 아파트와 오피스텔단지가 있어, 언제든 공원에서 나와 카페에서 커피를 즐기거나 식사를 할 수 있다.

가기 좋을 때 봄·가을 춥지 않은 화창한 날
경기도 고양시 일산동구 장항동 | 031-8075-4347

남양주 양수리 수종사

비가 살짝 흩뿌리듯 오는 날, 양수리 수종사를
가자. 운길산 중턱에 있는데, 일주문 앞 주차장
에 차를 세우고 수종사까지 숲길을 10여 분 걷
는다. 수종사 앞마당에서 보는 양수리와 팔당
호, 북한강과 남한강이 만나는 모습, 그 너머로
연이어 있는 산들의 하늘금에 눈이 시원하다.
5백여 년 된 은행나무 밑에서도 보고 마당에서
도 보고 차를 내주는 삼정헌에서 또 봐도 질리
지 않는다. 삼정헌은 차를 그냥 내주는데 문 옆
에 '알아서' 시주하는 네모난 통이 있다. 다도를
지키는 곳이라 맨발로 못 들어가니 양말을 준
비할 것!

가기 좋을 때 봄비 살살 뿌리는 날
경기도 남양주시 조안면 송촌리 1060
031-576-8411

광주 분원리 – 양평 운심리 드라이브

광동교를 건너 퇴촌면에서 좌측으로 빠지면 남종면 분원리 붕어찜마을이 나온다. 이제부터 남한
강을 따라 달린다. 귀여리와 검천리, 수청리까지 길은 강을 따라 산을 오르내리며 이어진다. 가다
보면 양평 운심리로 이어지고 여기서 88번 국도와 합류한다. 남한강을 따라 달리는 내내 왼편으
로 그림 같은 풍경이 이어진다. 비가 살짝 오는 날에는 운치가 더하다. 광주와 양평의 경계가 되
는 언덕 꼭대기에 커피와 옥수수, 차 등을 파는 작은 쉼터가 있는데, 남한강 사유지 대하섬이 눈
아래 내려다보인다. 언덕 아래 있는 전라도 한정식집 개울목은 음식과 가격이 알맞다.

가기 좋을 때 봄 · 가을 평일 낮 시간(주말 교통체증 많은 곳임)
경기도 광주시 남종면 분원리
개울목(한정식, 경기도 양평군 강하면 운심리 516-20, 031-774-2021)

홍천 수타사계곡

강원도 홍천 하면 멀게 느껴지지만 요즘은 길이 좋아져서 금방이다. 동서울종합터미널에서 홍천터미널까지 1시간 50분, 홍천터미널에서 택시를 타면 수타사계곡까지 20분(1만 원) 걸린다. 수도권에서 하루에 다녀오기에 빠듯하지만 강원도 깊은 계곡의 정취를 느낄 수 있다는 점에서 추천할 만하다. 수타사는 '고찰이란 이런 것이다.'는 느낌을 물씬 풍기는 절이다. 수타사 바로 앞에 공작산생태숲이 있다. 잘 가꾼 정원과도 같은 숲을 돌아보고 수타사계곡 숲길을 올라갔다 오자. 숲길 중간쯤에 있는 통나무다리까지 갔다가 수타사까지 되돌아오면 대략 한 시간 반 정도 걸린다. 어느 날 문득 자연의 품이 그리울 때 다녀오기 딱 알맞다.

강원도 홍천군 동면 덕치리 산9
033-436-1585(공작산생태숲)
http://ecogongjaksan.kr

광주 남한산성

여행하는 법에 따라 평가가 극과 극인 곳이 남한산성이다. 주말 엄청나게 밀리는 차 안에서 몇 시간 보내면 없던 스트레스도 확 몰려온다. 평일 오전이라면 한적한 개울가에서 시간 보내고 마을 구경하며 걷기도 하는 등 시간 여유를 부리고도 남는다. 산성을 둘러보는 등산 코스와 가벼운 걷기 코스가 있다. 봄·가을 꽃 피고 단풍 들 때 평일 일찍 찾아보자. 멀리 있는 어지간한 여행지보다 가깝고 한적하고 편리하다. 덤으로 맛있는 음식도 맛볼 수 있다. 남한산성에서 식당들은 어지간한 솜씨로는 치열한 경쟁에서 살아남을 수 없다. 영업을 하고 있다면 일정 수준은 통과한 집들이니 대충 골라도 된다.
가기 좋을 때 봄·가을 평일 오전
경기도 광주시 중부면 산성리
낙선재(백숙 전문, 경기도 광주시 중부면 불당리 194-1)

여주 영릉

세종대왕의 능과 효종대왕의 능, 모두 영릉이
라 부른다. 한자로는 다르다. 세종은 자신의 능
을 내곡동 헌릉 근처로 일찌감치 정하고 나중
에라도 옮기지 말라 했다. 후일 아들 세조 때
터가 좋지 않다며 끝끝내 지금의 자리로 옮겼
다. 세종과 효종 두 대왕의 능 사이에 우거진
숲과 잘 단장한 산책로가 있다. 세종대왕릉 앞
에는 측우기 등 당시 과학발명품이 전시되어
있다. 말로만 듣던 발명품들이 어떤 모습인지
눈으로 확인할 수 있다. 영릉은 여주 여강 강가
에 있는 사찰 신륵사와 가깝다. 신륵사를 먼저
찾고 영릉을 들러 두 대왕의 능을 돌아보면 하
루 여행에 알맞다.

가기 좋을 때 늦봄·초가을 녹음이 짙을 때 평일
(매주 월요일 휴관)
경기도 여주군 능서면 왕대리 산83-1
031-885-3123

수원 화성

세계문화유산에 등재되며 더욱 관심도 높아진 수원 화성은 한번쯤 다녀와야 할 곳이다. 세계적
인(?) 문화유산을 이렇게 쉽게 볼 수 있다는 점에서 수도권 주민들에게는 복이다. 천천히 성벽을
타고 걷다가 다리 아프면 쉬고 심심하면 활쏘기 체험도 하는 등 하루를 온전히 보낼 생각으로 가
자. 화성에 얽힌 이야기는 여러 가지 전해온다. 조선 정조의 개혁정치와 다산 정약용의 실학사상
이 어우러진 결과물이라는 관점에서 보는 이들이 많다. 화성에 서서 역사란 무엇인가 생각하면
나의 삶 또한 다시금 보인다. 행궁부터 수원 팔달문까지는 예술공방과 맛집거리다. 벽화마을과
함께 둘러보면 하루 빠듯하다.

가기 좋을 때 너무 덥거나 춥지 않을 때
경기도 수원시 장안구 연무동 190 | 031-251-4435

안성 팜랜드

1964년 한국과 독일 두 나라의 지원을 받아 농
협이 세운 목장이다. 시대가 변하자 농협은 목
장을 가족여행지에 맞게 새롭게 단장하고, 아
이들을 위한 무무빌놀이목장과 호스빌승마센
터, 푸드빌식당가 등 목장체험과 휴식공간을
갖췄다. 목장 미루힐초원 너머로 해가 지는 모
습이 참 아름답다. 승마센터에서 말을 타고 초
원을 걷다가 해넘이를 만나면 하루가 간다. 무
엇보다 좋은 점은 수도권에서 가까운 목장이라
는 것!

가기 좋을 때 봄이 무르익어 초원 푸른 맑은 날
경기도 안성시 공도읍 신두리 451 | 031-8053-7979
www.nhasfarmland.com

아산 외암리민속마을

옛마을이라도 사람들이 살아야 진짜 옛마을로 쳐준다. 이곳은 다섯 봉우리가 선 설화산 아래 있
는 충청도 양반마을이다. 예안 이씨가 들어와 번성하며 집성촌을 이뤘다. 마을 앞에 흐르는 개천
을 건너 마을로 들어간다. 외암마을에 가면 물길을 유심히 봐야 한다. 마을 앞 개천 말고도, 마을
위쪽에 물길을 내서 이 집 저 집을 통과하며 생활용수로 쓰는 물길이 하나 더 있다. 왜 그런지는
설화산 지명과 관계가 있다니 가서 알아보시길. 충청도 양반집의 가옥구조와 생활상을 볼 수 있
는 집이 따로 마련되어 있으며, 민박도 한다.

가기 좋을 때 개나리 등 봄꽃 활짝 피는 평일
충청남도 아산시 송악면 외암리 | 041-540-2654 | www.oeammaul.co.kr

문득 떠나고 싶은 순간.
비우고. 채우고. 머무는.

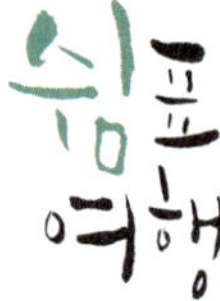

펴낸날 초판 1쇄 2013년 8월 10일

지은이 이민학 송세진

펴낸이 임호준
이사 이동혁
편집장 김소중
책임 편집 나정애 ㅣ **편집** 윤은숙 장재순 김민정 권지숙 임주하
디자인 이지선 왕윤경 ㅣ **마케팅** 강진수 이유빈 김찬완
경영지원 나은혜 박석호 ㅣ **e-비즈** 표형원 공명식 최승진

캘리그라피 · 일러스트 장영수 ㅣ **인쇄** 자윤프린팅

펴낸곳 비타북스 ㅣ **발행처** ㈜헬스조선 ㅣ **출판등록** 제2-4324호 2006년 1월 12일
주소 서울특별시 중구 태평로1가 61 ㅣ **전화** (02) 724-7637 ㅣ **팩스** (02) 722-9339
홈페이지 www.vita-books.co.kr ㅣ **블로그** blog.naver.com/vita_books

ⓒ이민학 송세진, 2013

ISBN 979-11-85020-05-1 13980

• 이 도서의 국립중앙도서관 출판시도서목록(CIP)은 서지정보유통지원시스템 홈페이지(http://seoji.nl.go.kr)와
  국가자료공동목록시스템(http://www.nl.go.kr/kolisnet)에서 이용하실 수 있습니다. (CIP제어번호: CIP2013012535)